"十二五"国家重点图书
材料科学研究与工程技术系列
(应用型院校用书)

焊接工程实践教程

主　编　郑光海
副主编　李柏茹　管晓光

哈尔滨工业大学出版社

内 容 简 介

全书以焊接工艺实践为主线,系统全面介绍了典型焊接结构的特点、工况条件和工艺设计规范,讲解了焊接制造工艺流程和各工序的原理、方法、设备,选取典型焊接结构进行了工艺设计的要点介绍。全书共分为5章:焊接结构及其制造规程,焊接基本操作训练,建筑钢结构的焊接工艺设计与制作,压力容器的焊接工艺设计与制作,箱型结构的焊接工艺设计与制作。

本书可作为普通高等应用型院校焊接专业、材料成型及控制工程专业的教材,也可供相关工程技术人员参考。

图书在版编目(CIP)数据

焊接工程实践教程/郑光海主编. —哈尔滨:哈尔滨工业大学出版社,2011.2
ISBN 978-7-5603-3179-9

Ⅰ.①焊… Ⅱ.①郑… Ⅲ.①焊接-高等学校-教材 Ⅳ.①TG4

中国版本图书馆 CIP 数据核字(2011)第 018037 号

策划编辑	张秀华 杨 桦 许雅莹
责任编辑	范业婷
封面设计	卞秉利
出版发行	哈尔滨工业大学出版社
社 址	哈尔滨市南岗区复华四道街10号 邮编150006
传 真	0451-86414749
网 址	http://hitpress.hit.edu.cn
印 刷	哈尔滨工业大学印刷厂
开 本	787mm×1092mm 1/16 印张 9.75 插页 1 字数 220 千字
版 次	2011年2月第1版 2011年2月第1次印刷
书 号	ISBN 978-7-5603-3179-9
定 价	18.00元

(如因印装质量问题影响阅读,我社负责调换)

前　言

教育部1998年普通高等学校专业目录中，将原金属材料及热处理、铸造、焊接、热加工工艺及设备等专业合并设置了材料成型及控制工程专业。在这个专业目录下培养的学生具有加强基础、淡化专业界限、宽口径的知识结构特点，很适合研究型院校人才的培养需要。近年来，随着我国加入世界贸易组织，制造业领域国际合作的范围迅速扩大，促进了国内的产业结构调整，市场对各种专业人才的需求也有了明显变化，更加突出了对专业素质的要求，尤其是对基础理论扎实、工程实践能力强的应用型高级专门人才的需求日益加大。表现在船舶、汽车、电力装备、石化设备、重型制造装备、轨道车辆、建筑钢结构、桥梁等工业领域，焊接技术人才需求旺盛。

本书是为了适应应用型焊接专业人才培养而编写的。立足焊接专业人才培养体系，将专业工程实践作为一门必修课，以综合训练学生利用专业理论编制焊接制造工艺并检验工艺可行性的能力。全书共分5章：焊接结构及其制造规程，焊接基本操作训练，建筑钢结构的焊接工艺设计与制作，压力容器的焊接工艺设计与制作，箱型结构的焊接工艺设计与制作。编写中力求紧密结合生产实际，介绍焊接结构制造的基本工艺流程、用到的加工方法和操作要领；在综合训练部分，选取典型焊接结构，介绍它们的结构特点、技术要求、焊接技术规范等，供学生进行工艺实践。

本书适合做普通高等应用型院校焊接工程与技术专业、材料成型及控制工程专业的教材，也可供相关工程技术人员参考。

本书由黑龙江科技学院郑光海、李柏茹、管小光编写，郑光海任主编，李柏茹、管小光任副主编。第1、3章及绪论由郑光海编写，第2、4章由李柏茹编写，第5章由管晓光编写。

由于编者水平有限，难免有不当之处，恳请广大读者批评指正。

编　者

2010年10月

目 录

绪论 ··· 1

第1章 焊接结构及其制造规程 ·· 3
1.1 焊接结构设计 ·· 3
1.2 焊接工艺设计 ·· 26
1.3 焊接生产安全规程 ·· 39
1.4 焊接质量检验 ·· 41
1.5 焊接工艺评定 ·· 52

第2章 焊接基本操作训练 ··· 56
2.1 下料 ··· 56
2.2 焊条电弧焊 ··· 63
2.3 气体保护电弧焊 ··· 70
2.4 钎焊 ··· 80
2.5 火焰焊接 ··· 83

第3章 建筑钢结构的焊接工艺设计与制作 ································ 87
3.1 建筑钢结构简介 ··· 87
3.2 梁结构 ·· 88
3.3 桁架结构 ··· 95
3.4 建筑钢结构的质量检验 ·· 96
3.5 典型建筑钢结构的制作 ·· 97

第4章 压力容器的焊接工艺设计与制作 ··································· 98
4.1 压力容器简介 ·· 98
4.2 压力容器的生产制造工艺流程 ··· 104
4.3 典型压力容器的制作 ·· 136

第5章 箱型结构的焊接工艺设计与制作 ··································· 138
5.1 箱型结构简介 ·· 138
5.2 箱型结构的生产制造工艺流程 ··· 139
5.3 箱型结构的焊接工艺编制 ··· 140
5.4 典型箱型结构的制作 ·· 142

参考文献 ··· 147

绪　论

在现代工业领域,各种先进的制造技术发挥着越来越重要的作用,焊接技术就是其中之一。采用焊接技术制造的各种工业产品,在机器制造、汽车、轨道交通、桥梁、建筑、石油化工、能源开采、电子信息等领域的应用越来越广泛。按照结构形式和作用的不同,焊接结构大体可以分为梁型结构、桁架结构、壳型结构、箱型结构等。图 0.1 是几种典型焊接结构样式。

图 0.1　几种典型的焊接结构

图 0.1(a)所示的梁结构截面形式有工字型、矩形、箱型等样式,在服役中承受横向弯曲、纵向压缩等载荷,在起重机械、厂房、建筑钢结构等产品中应用广泛。图 0.1(b)所示的桁架有三角形、梯形、多边形、平行弦形及空腹形等结构样式,在服役中由各个杆件联合承受轴向压缩、横向弯曲等载荷,广泛应用于桥梁、厂房、大跨度建筑物等产品中。梁结构、横加结构材料多选用优质低碳钢、低合金钢。图 0.1(c)所示的壳型结构有圆筒形、球形等结构样式,服役时承受内部或外部的介质压力及其化学作用,广泛用于锅炉、管道、石化容器等产品中。压力容器材料主要有优质低合金钢、不锈钢、耐热钢等。图 0.1(d)所示的箱型结构主要是各种尺寸的立方体空心结构,服役时主要承受来自内、外的静压力,

主要用于各种类型的车辆车厢。箱型结构材料主要有低碳钢、铝合金等。

随着制造业的发展和技术的进步,焊接技术早已摆脱了方法单一、技术含量低、用途有限的局面,先进的焊接技术、焊接材料、焊接控制手段不断涌现。焊接技术正向着自动化、多样化、高效率、可靠性方向发展。

在工程应用中,焊接结构设计、焊接热过程与力学过程的预见与评估需要依靠复杂而精准的理论基础,而焊接制造工艺、焊接缺欠的预防与消除、焊接质量的评定则主要依靠行业积累的经验。可以说焊接制造技术是一门既有丰富理论支持又需要丰富实践经验的应用技术。这就要求从事焊接技术工作的工程技术人员在掌握必要的科学理论的基础上,同时具备必要的工程实践能力,特别是具备编制焊接工艺、评定焊接结构可靠性方面的能力。在工程实际中,焊接工程师的任务主要有设计焊接结构,编制焊接制造工艺,制定焊接工艺评定方案,监督、指导焊接生产过程,检验焊接质量,培训焊接操作人员。这里说的焊接结构是指以焊接的形式形成的结构,在重型机械、建筑、桥梁、船舶、飞机、冶金动力设备、容器、管道、车辆等工业产品中发挥不同的功能。

作为焊接专业的在校学生需要接受焊接新技术及全过程方面的训练,并初步具备这方面的能力,达到焊接工程师的基本要求。焊接工程实践就是模拟生产实际,通过进行焊接结构设计、焊接工艺编制、制作结构实物模型、评定焊接质量等培养焊接工程实践能力。在训练内容方面,以选择工业生产中典型的焊接结构为研究对象,遵照国家和行业标准,参考各类文献资料,设计焊接结构、编制焊接工艺、制作实物模型,使之得到全面、系统、有针对性的实战训练。

第1章 焊接结构及其制造规程

1.1 焊接结构设计

1.1.1 结构设计概述

1. 焊接结构设计的基本要求

焊接结构设计要满足结构的实用性、可靠性、工艺性和经济性四个方面的要求。

(1) 实用性

实用性是指设计要达到产品的使用功能和预期效果。

(2) 可靠性

可靠性是指结构在使用中必须安全可靠,亦即结构受力要合理,满足强度、刚度、稳定性、耐蚀性等方面的要求。

(3) 工艺性

结构应该是适合焊接施工的结构,其中包括焊前热处理、焊后处理、所选用的金属材料具有良好的焊接性、具有焊接与检验的可达性等。此外,结构应易于实现机械化和自动化焊接。

(4) 经济性

制造结构时,所消耗的原材料、能源及工时比较少,综合成本低。

2. 焊接结构设计的基本原则

为达到上述的基本要求,设计时要把握如下设计原则。

(1) 合理选用和利用材料

所选用的材料必须同时满足使用性能和工艺性能的要求。使用性能包括强度、韧性、耐磨性、耐蚀性、抗蠕变性能等。工艺性能包括冷加工工艺性能和热加工工艺性能,其中的冷加工工艺性能包括冷成形性能、切削工艺性能,热加工工艺性能包括焊接性、热处理工艺性等。

在结构有特殊性能要求的部位可以选用特种材料或特殊工艺方法,比如在有耐蚀性要求的部位选用不锈耐蚀钢与碳钢进行异种钢焊接,或在碳钢表面堆焊不锈钢等。

尽可能选用轧制的型材,这样既容易采购又节省备料、下料的工时。

(2) 合理设计结构形式

能够满足前述要求的结构形式视为合理的结构形式。设计时要注意以下几点:

① 根据强度、刚度要求,以最理想的受力状态设计结构的形状和尺寸。

② 既要重视整体设计,也要重视细部设计。因为焊接是刚性连接,结构的整体性意味

着任何细部都同等重要,尤其对应力集中部位要特别注意。

③要有利于实现自动化焊接,结构设计时则要尽量设计成平直、简单的形状,减少长度短、不规则的焊缝,避免采用难以成形的具有复杂空间曲面的结构。

(3) 减少焊接工作量

除了尽可能选用轧制型材外,还应在结构允许的情况下选用冲压件、铸件、锻件等作为结构的零部件,以尽可能减少焊缝长度,减少焊接工作量。对于角焊缝,在满足强度需求的前提下,尽量减小焊脚高度;对于坡口焊缝,尽量设计成填充金属少的坡口形式。

(4) 焊缝布置合理

对有对称轴的结构,焊缝要对称布置,这样有利于控制变形,避免焊缝的交汇;对不可避免的焊缝交汇处,要使重要焊缝连续,次要焊缝间断;要尽可能使焊缝避开高应力部位、应力集中处、机械加工面等处。

(5) 方便焊接施工

必须使每条焊缝便于施焊和质量检验。焊缝周围要留有足够的焊接和质量检验的空间。尽量使焊缝都在工厂内进行,减少工地施焊工作量。尽量提高自动焊工作量,减少手工焊工作量。尽量采用平焊位置焊接,减少立焊、仰焊焊缝。

(6) 有利于生产组织与管理

生产实践中,大型焊接结构采用分部组装焊接的生产方式有利于减小和控制变形,也利于生产实现流水作业,简化工艺装备。因此在设计时要进行合理分段,分段时综合考虑起重运输条件、变形控制、焊后处理、切削加工、质量检验、总装等因素。

3. 焊接结构设计的一般程序

焊接结构设计的主要内容是根据设计任务书对设计对象进行结构设计与计算、必要的试验、绘制图样、编制设计文件等。而大型复杂的结构设计要经历初步设计、技术设计、工作图设计三个主要步骤。

(1) 初步设计

初步设计又称方案设计。其核心任务是通过产品功能分析确定总体方案,提出技术任务书和产品草图。具体工作有:

①确定产品的技术参数和主要性能指标;

②确定总体布局及主要零部件的结构;

③确定各零部件的连接关系;

④对使用的新材料、新结构、新工艺提出试验验证方案。

(2) 技术设计

技术设计的目的是将初步设计确定的方案具体化。通过设计和计算进一步确定具体构造、形状尺寸和所需材料。具体工作有:

①对关键零部件的结构、功能和可靠性进行校验,为设计提供依据;

②对重要零部件的强度、刚度和可靠性进行计算;

③进行技术经济分析,撰写分析报告;

④修正设计方案,绘制总装图。

(3) 工作图设计

工作图设计又称施工设计，目的是完成全部生产用的图纸设计。主要工作有：
① 从总装配图中拆分出部件图和零件图，在图纸上标注技术条件；
② 编写设计说明书等一系列设计文件。

1.1.2 焊接结构设计要点

焊接结构设计的理论基础是工程力学，如材料力学、结构力学、弹性或弹塑性力学和断裂力学等。设计的任务是运用这些基础理论结合焊接结构和工艺的特点，解决结构设计中的选材、选型和连接等技术问题。

1. 材料的选择

焊接的材料包括母材和焊材。选择母材的基本原则应当是根据产品设计要求，综合考虑材料的使用性能、工艺性能和经济性，使所选材料来源容易，能达到结构质量轻、易于制造和服役期内安全可靠等要求。

母材选择时应注意如下原则。

(1) 考虑材料的使用性能

要紧密结合材料工作的载荷条件和环境条件考虑材料的使用性能。

① 考虑载荷条件

对于承受静载荷的结构，以满足强度要求来选材；对于承受交变载荷的结构，则要区分两种情况，一种情况是承受高应力低周循环的交变载荷，在保证强度的条件下，着重考虑材料的塑性和韧性；另一种情况是承受低应力高周循环的交变载荷，对材料的疲劳强度要求较高，应选择强度较高的材料。

按照刚度要求设计的结构，其工作应力一般比较小，但材料壁厚较厚，应选择塑性、韧性好的一般强度材料。

对于使用板材焊接的结构，如果材料厚度方向上承受拉应力，则应选择杂质元素含量低、塑韧性好的材料，以防出现层状撕裂。

② 考虑环境条件

环境条件主要有结构工作的环境温度、介质和辐照条件。

环境温度会引起材料组织和性能的变化，因此，高温下工作的焊接结构要选用有足够的高温强度、抗氧化性能和组织稳定性的材料；对高温刚度要求严格的结构应选用蠕变强度高的材料，对高温强度要求高的结构，应选用持久强度高的材料，而对于工作在 $-20℃ \sim -296℃$ 的结构，应选用具有高的低温韧性和低温延展性的材料。

焊接结构的工作介质种类多样，对材料和结构的影响也较为复杂。介质的状态有气态、液态、固态。气态介质有大气、水蒸气、海洋湿气、天然气、氨气、氧气、氮气、氯气等，液态介质有海水、酸、碱、各种化学试剂等，固态介质有硫化物、溴化物、氟化物等。这些介质有时单独作用，有时会与温度、应力共同作用于焊接结构，造成均匀腐蚀、点蚀、缝隙腐蚀、晶间腐蚀、应力腐蚀、气蚀等，这些腐蚀会降低结构的使用寿命，甚至会导致低应力脆断等极端破坏后果。因此，在结构选材时，必须综合考虑介质、温度、应力状态，有针对性地选择合适的材料。工程实际中，为了节约贵重的耐蚀材料，可以设计选择复合材料或者进行表层堆焊等方法应对腐蚀环境。

(2) 考虑材料的工艺性能

所选材料必须容易加工,且不因加工而改变其使用性能。焊接结构用到的材料需要具有良好的焊接性、冷加工工艺性及热处理工艺性。

①材料的焊接性

材料的焊接性包含工艺焊接性和使用焊接性。前者要求所选材料必须能焊,焊时不易产生焊接缺陷,尤其不能产生焊接裂纹。后者要求所选材料焊后其焊接接头或整个焊接结构能满足使用性能,如强度、韧性、耐疲劳、耐蚀或耐磨等的要求。因此,对焊后不再热处理的结构,应选择那些在焊接热的作用下,其焊缝金属和热影响区不会引起不利于使用性能变化的金属材料。

②热处理工艺性

焊接结构制造过程中,若需要进行消除应力热处理或最终恢复性能的热处理时,则需注意热处理过程中的加热温度、保温时间、升温速度和冷却速度等工艺参数对材料性能的影响。焊后需热处理的金属结构要选用具有较低回火脆性倾向和较低再热裂敏感性的金属材料。

③其他冷、热加工工艺性

在焊前的备料过程中常对母材进行如矫平、调直、剪切、冲孔、铣、刨等冷机械加工,冷或热的冲压与弯曲成形以及热切割加工等。选材时一定要注意材料对这些冷、热加工的适应性。

(3) 考虑经济性

在满足结构工作性能和工艺性能的前提下,尽量选用来源容易,价格便宜的金属材料。但要注意,强度等级较低的钢材,其价格一般都较低,其焊接性能也较好,可是在重载情况下,会导致结构尺寸加大,耗材增多,其综合成本未必下降。而且大尺寸的结构,其工艺性和抗脆断性变差。而强度等级较高的钢材,虽然价格较高,焊接难度较大、但可省材料,减小产品尺寸和质量,其综合成本未必增高。

焊材选择时要注意如下原则:

①焊条的选择

选用焊条的基本原则是在确保焊接结构安全使用的前提下,尽量选用工艺性能好和生产效率高的焊条。

确保焊接结构安全使用是选择焊条首先考虑的因素。根据被焊构件的结构特点、母材性质和工作条件(如承载性质、工作温度、接触介质等)对焊缝金属提出安全使用的各项要求。所选焊条都应使之满足。必要时通过焊接性试验来选定。

在现实生产中,同种钢焊接和异种钢焊接应依据不同的原则选择焊条。表1.1 和表1.2 分别列举了这两种条件下选择焊条的基本要点。

②焊丝和焊剂的选择

a. 埋弧焊用焊丝与焊剂

埋弧焊焊丝的选择必须与焊剂合理搭配,以适应不同类型的母材。

(a) 合金钢焊丝与焊剂

低锰焊丝如 H08A 配高锰焊剂,焊接普通低碳钢和强度较低的低合金钢;中锰焊丝如

H08MnA 配中锰焊剂,焊接低碳钢、低合金钢;高锰焊丝如 H08Mn2SiA 配低锰焊剂,焊接低合金钢。

表1.1 同种钢焊接时焊条选择要点

选择依据	选择要点
力学性能和化学成分要求	①对于碳素结构钢,依据等强度原则,即熔覆金属抗拉强度等于或略高于母材; ②对于合金结构钢,要求焊缝熔覆金属力学性能与母材匹配,同时要求其化学成分与母材接近; ③在结构刚度大、接头应力高、焊缝易产生裂纹的条件下,应考虑选用强度比母材低一级的焊条; ④当母材金属中硫、磷等杂质元素含量较高时,应选用抗裂性能好的焊条。
焊件的使用性能和工作条件要求	①对承受动载荷和冲击载荷的结构,除满足强度要求外,主要满足焊缝金属有较高的冲击韧性和塑性,可选用塑、韧性好的低氢型焊条; ②工作于腐蚀环境的结构,应根据母材性质选择相应的不锈钢焊条; ③工作于高温或低温环境的结构,应选择合适的耐热钢焊条或低温钢焊条。
焊件的结构特点和受力状况	①对于结构复杂、刚度大和厚板焊接结构,焊接过程中会产生较大的应力,容易产生各种裂纹,应选择抗裂性能好的低氢型焊条; ②对于焊接部位难以清理干净的结构,应选用氧化性强,对铁锈、氧化皮、油污不敏感的酸性焊条; ③对于受条件限制无法翻转的结构,有些焊缝处于非平焊位置,需要选择适合全位置焊接的焊条。
施工条件及设备条件	①在没有直流电源,而焊接接头又需要采用低氢型焊条时,应选用交直流两用的低氢型焊条; ②在狭小的通风条件差的环境施焊,选择酸性焊条或低毒低尘焊条。
工艺性能	在满足结构使用性能的前提下,尽量选择工艺性能好的酸性焊条。

表1.2 异种钢焊接时焊条选择原则

异种金属	选择要点
强度级别不同的碳钢、低合金钢	①熔覆金属抗拉强度不低于母材中强度较低的一种钢,而其塑韧性不低于母材中强度较高的一种钢; ②为防止裂纹等缺欠的产生,应按照焊接性差的一种钢来选择焊接工艺参数,包括焊前预热、焊后缓冷和焊后热处理。
低合金钢与不锈钢	以焊条化学成分为主要依据选择与不锈钢成分接近的焊条,且要考虑熔覆金属的塑性、抗裂性。

(b)低合金高强钢焊丝与焊剂

埋弧焊主要用于热轧正火钢的焊接,选用焊丝和焊剂时应保证焊缝金属的力学性能。因此一般选用与母材强度级别相当的焊接材料,并综合考虑焊缝金属的韧性、塑性和抗裂性能。

通常590 MPa级的焊缝金属多采用 Mn-Mo 系焊丝,如 H08MnMoA、H08Mn2MoA、

H10Mn2Mo 等;690~780 MPa 级的焊缝金属多用 Mn-Cr-Mo 系,或 Mn-Ni-Mo 系,或 Mn-Ni-Cr-Mo 系焊丝;当对焊缝韧性要求较高时,可采用含 Ni 的焊丝,如 H08CrNi2MoA 等,与之相配合的焊剂,焊接 690 MPa 以下钢种可采用熔炼焊剂或烧结焊剂;焊接 780 MPa 的高强钢,宜采用获得高韧性的焊剂,最好是烧结焊剂。

(c)不锈钢焊丝与焊剂

对于焊接性较好的不锈钢(如铬-镍不锈钢)和焊接性虽不很好,但焊接时可以预热或焊后热处理的不锈钢(如铬不锈钢)焊件,一般都采用同质焊缝,即选用与母材化学成分基本一致的焊丝,如铬不锈钢可选用 H0Cr14、H1Cr13、H1Cr17 等焊丝;铬-镍不锈钢可选用 H0Cr19Ni9、H0Cr19Ni9Ti 等焊丝;焊接超低碳不锈钢时也相应采用超低碳的焊丝,如 H00Cr19Ni9 等。焊接性能较差又无法预热和焊后热处理的不锈钢焊件,一般采用异质焊缝。选用含铬、镍量都较高的奥氏体钢焊丝,如 H0Cr24Ni13、H1Cr26Ni21 等。与之配合的焊剂,无论是熔炼型还是烧结型,都要求焊剂的氧化性小,以减小合金元素的烧损。

b. 气体保护焊用焊丝

选择气保焊焊丝要注意与保护气配合。

(a)TIG 焊焊丝

纯氩气保护下,焊缝金属成分基本不发生变化,对焊缝金属无特殊要求时,选择同种成分的焊丝。

(b)MAG 和 MIG 焊丝

这两种焊法原则上都选择与母材成分一致的焊丝,MAG 焊时宜选用含硅、锰等脱氧元素的焊丝。

(c)二氧化碳焊焊丝

二氧化碳是活性气体,具有较强的氧化性,因此,二氧化碳焊所用焊丝必须含有较高的 Mn、Si 等脱氧元素,通常是 C-Mn-Si 系焊丝,如 H08MnSiA、H08Mn2SiA、H04Mn2SiTiA 等。主要用于焊接碳钢和低合金结构钢。

2. 结构形状的选定

当结构材料选定之后,解决结构的强度、刚度和稳定等问题将取决于结构的几何形状和尺寸。在静载条件下,决定构件强度和刚度的因素,一是构件的材料性能,如抗拉强度或屈服点,抗弯和抗剪弹性模量;二是构件的截面性能,如由构件的工作截面形状和尺寸所形成的截面积、惯性矩和截面模量等。在材料已选定情况下,提高构件强度和刚度的措施就是正确地设计结构工作截面的几何形状和尺寸,以获得最佳的截面性能。

(1)提高刚度的结构设计

刚度是指在恒定载荷或交变载荷作用下结构(材料)抵抗变形的能力,前者称静刚度,后者称动刚度。大型切削机床、锻压机床等机器设备要求的工作精度很高,对其承载结构刚度的要求比强度要求更严格,因此,这些构件通常是按照刚度要求设计的。通常所说的刚度设计是指按照静刚度设计。

广义的静刚度定义为

$$静刚度 = \frac{静载荷}{载荷方向的位移} \tag{1.1}$$

在不同形式载荷作用下,静刚度有着不同的表达式,见表1.3。

表1.3 不同载荷条件下静刚度计算表达式

载荷类型		表达式	说 明
拉伸或压缩	变形	$\Delta l = \dfrac{pl}{EF}$	Δl— 长度方向变形量,mm;l— 原始长度,mm;p— 载荷,N;E— 弹性模量,N/mm^2;F— 横截面积,mm^2
	静刚度	$K = \dfrac{p}{\Delta l} = \dfrac{EF}{l}$	K— 受拉或受压时的静刚度
弯曲	变形	$f = \dfrac{pl^3}{CEI}$	f— 纵向挠曲,mm;C— 常数;I— 惯性矩,mm^4
	静刚度	$K_B = \dfrac{p}{f} = \dfrac{CEI}{l^3}$	K_B— 受弯时的静刚度
扭转	变形	$\varphi = \dfrac{M_t l}{G I_t}$	M_t— 扭矩,N·mm;G— 常数
	静刚度	$K_t = \dfrac{M_t}{\varphi} = \dfrac{G I_t}{l}$	K_t— 受扭转时的静刚度

从表中可以看出,构件的静刚度与所用材料的弹性模量(E 或 G)和它的截面特性值(F、I 或 I_t)的乘积成正比,而与材料的强度无关。因此结构设计时应选用弹性模量高的钢材而不是强度高的钢材。实际上各种钢材的弹性模量相差不大,所以设计时主要是确定结构的截面形状和尺寸。尽可能用最少的材料达到最大的截面性能。

① 抗弯截面形状的设计

梁是焊接结构中的最基本构件,工作时主要承受弯曲载荷。梁的抗弯刚度与材料的弹性模量 E 和截面抗弯惯性矩 I 的乘积成正比。材料选定后,梁的抗弯刚度主要决定于截面抗弯惯性矩 I 的大小。在截面积相同的情况下可以设计出不同截面形状的梁,见表1.4。从表中看出,空心截面的抗弯惯性矩比实心的大;方形截面的抗弯刚度比圆形的大;外形尺寸大而壁薄的截面,其抗弯刚度比外形尺寸小而壁厚的大。所以提高构件的抗弯刚度,首先应加大截面的轮廓尺寸,而不是壁厚,其次是尽可能把结构材料配置在远离中性轴处。工字梁和箱形梁的设计就是典型的例子。

② 抗扭截面形状的设计

承受扭转载荷的构件,必须具有足够的抗扭刚度。构件工作截面的抗扭刚度与材料的剪切弹性模量 G 和截面的抗扭惯性矩 I_t 乘积成正比。材料选定后,构件的抗扭刚度决定于抗扭惯性矩 I_t 的大小。抗扭惯性矩的计算比较复杂,不同的截面形状需采用不同的计算公式。从表1.4中可以看出,a. 空心截面比实心截面抗扭惯性矩大;b. 空心截面中,封闭截面比不封闭截面抗扭惯性矩大;c. 空心封闭的各种截面中,圆形截面比方形截面抗扭惯性矩大;d. 空心封闭矩形截面具有抗弯和抗扭惯性矩均较高的特点。因此,受扭转力矩的工件的截面形状应尽可能选择空心结构,且优先选择圆形截面,其次选择矩形截面。如果选择了矩形截面,这种结构在扭矩作用下在断面的四个拐角处可能发生变形 —— 截面畸变,为防止这种变形,需要在内侧合理设置筋板。

表 1.4　各种截面形状结构惯性矩比较(截面积约为 10^4 mm^2)

序号	截面形状	抗弯惯性矩 I_B / 10^4 mm^4	抗弯惯性矩相对值	抗扭惯性矩 I_t / 10^4 mm^4	抗扭惯性矩相对值	序号	截面形状	抗弯惯性矩 I_B / 10^4 mm^4	抗弯惯性矩相对值	抗扭惯性矩 I_t / 10^4 mm^4	抗扭惯性矩相对值
1	φ113 实心圆	800	1	1 600	1	6	100×100 方形	834	1.04	1 400	0.88
2	φ113/φ160 圆管	2 420	3.03	4 833	3.02	7	50×200 矩形	3 333	4.17	703	0.44
3	φ160/φ196 圆管	4 030	5.04	8 074	5.05	8	100×100/148×148 方管	3 164.9	3.96	4 576	2.86
4	φ160/φ196 开口圆管	—	—	108	0.07	9	148×148/184×184 方管	5 554	6.94	8 234	5.15
5	工字形 150×300	15 520	19.4	143	0.09	10	50×200/85×235 槽形	5 860	7.32	2 647	1.65

③ 筋板的设计

本书为了叙述方便,把筋板、肋板、隔板等统称筋板。筋板之所以能提高结构的整体或局部刚度,在于它能把作用在结构上的局部载荷传递给其他构件,使它们能均衡地承载;也能把垂直于板壁的弯曲变形转化为筋板平面内的拉伸、压缩或弯曲变形,而这类变形的数值很小,因而可使主体壁板减薄;利用筋板可以把壁板的幅值从大的分隔成小的,因而能提高其抗屈曲性能;横向筋板可以连接箱型构件的四壁作为一个整体起作用,当扭转时,可以减少截面畸变。

筋板的作用效果主要不是依靠它的数量多少,而在于正确的配置。筋板能否发挥作用,要看它的受力方向,如果所设置的筋板受到垂直于板面方向的力或与板面成一定角度的力,则筋板发挥的作用极小。如图1.1(a)所示的力系作用在筋板的平面内,引起的是平面弯曲,恰好是筋板抗弯惯性矩 I 最大的方向,其抗弯能力最强,结果引起的弯曲变形很小,对提高结构刚度是有利的;图1.1(b)所示的筋板受到垂直于板平面的四个力作用,且构成扭矩,而该筋板的截面为开式截面,抗扭惯性矩 I_t 很低,因而引起很大的扭转变形,起不到提高刚度的作用。

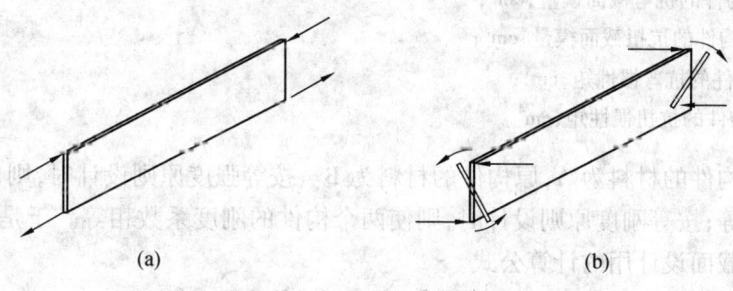

图 1.1 筋板受力分析

(2) 等价截面的结构设计

原有的机器零部件因变换材料而需要重新设计时,常用等价截面设计法。它是使新设计的构件截面具有与原构件截面相同强度或刚度的一种设计方法。当要求强度相同时,按等强度原则进行设计;要求刚度相同时,按等刚度原则进行设计。

采用等价截面设计法必须知道原构件所用材料及其性能,以及原构件工作截面的形状与尺寸。至于原构件承载性质及其大小知道与否并不重要,但原构件必须是一直安全可靠地使用着,并已经证明原构件具有足够的承载能力。

一个构件的强度可以用它的强度系数来表达,强度系数等于反映材料性能的许用应力和截面特性值的乘积;一个构件的刚度可以用它的刚度系数来表达,刚度系数等于反映材料性能的弹性模量和截面特性值的乘积。对于承受不同载荷类型的构件,其强度系数和刚度系数的表达式见表1.5。

表 1.5 强度系数与刚度系数表达式

载荷类型	强度系数		刚度系数	
	材料性能	截面性能	材料性能	截面性能
拉伸或压缩	$[\sigma_1] \times F$		$E \times F$	
	$[\sigma_y] \times F$			
剪切	$[\tau] \times F$		$G \times F$	
弯曲	$[\sigma_1] \times W$		$E \times I$	
	$[\sigma_y] \times W$			
扭转	$[\tau] \times W_t$		$G \times I_t$	

注：$[\sigma_1]$、$[\sigma_y]$ 和 $[\tau]$ ——分别为材料的拉伸、压缩和剪切许用应力，10^4 Pa；
　　E ——材料的拉伸弹性模量，10^4 Pa；
　　G ——材料的剪切弹性模量，10^4 Pa；
　　F ——构件的截面积，cm^2；
　　W ——构件的抗弯截面模量，cm^3；
　　W_t ——构件的抗扭截面模量，cm^3；
　　I ——构件的抗弯惯性矩，cm^4；
　　I_t ——构件的抗扭惯性矩，cm^4。

令新设计构件的材料为 A，原构件的材料为 B。按等强度原则设计时，则使两个构件的强度系数相等；按等刚度原则设计时，则使两个构件的刚度系数相等。于是得出表 1.6 中所列的等价截面设计用的计算公式。

表 1.6 等价截面设计计算公式

载荷类型	等强度设计	等刚度设计	
拉伸	$F_A = \dfrac{[\sigma_1]_B}{[\sigma_1]_A} F_B$	$F_A = \dfrac{E_B}{E_A} F_B$	
压缩	$F_A = \dfrac{[\sigma_y]_B}{[\sigma_y]_A} F_B$	短柱	$F_A = \dfrac{E_B}{E_A} F_B$
		长柱	$I_A = \dfrac{E_B}{E_A} I_B$
弯曲	$W_A = \dfrac{[\sigma_1]_B}{[\sigma_1]_A} W_B$	$I_A = \dfrac{E_B}{E_A} I_B$	
扭转	$W_{tA} = \dfrac{[\tau]_B}{[\tau]_A} W_{tB}$	$I_{tA} = \dfrac{G_B}{G_A} I_{tB}$	

注：表中的 A、B 分别表示两种不同的材料。

等价截面设计的大体步骤是：

① 通过结构分析，确定设计对象承受载荷的类型，明确设计原则（按照等强度原则或是等刚度原则）；

② 根据原构件使用的材料和截面尺寸,确定材料性能和计算其截面特性值;
③ 考虑新材料的使用性能,用表1.5的有关公式计算出新材料的截面特性值;
④ 按照计算出的截面特性值确定新材料的截面形状和尺寸。

进行等价截面的结构设计时要注意由于材质的改变,可能出现的下列新问题:

① 焊接性

新构件使用的材料必须是可焊的金属材料。

② 屈曲(失稳)问题

当新构件用的材料强度比原构件强度高很多时,按等强度原则设计的新结构必然质量轻、尺寸小,构件壁厚会变薄。这时要注意防止产生薄壁屈曲(失稳)问题,尤其是受压构件,应进行校核。必要时适当增加壁厚或设置筋板以提高抗失稳能力。

③ 振动问题

振动问题主要出现在铸铁焊的结构设计中,铸铁吸振能力比钢材好,而强度比钢材弱。改成焊接结构后,其抗振动能力不如厚铸铁结构。因此,有抗振要求的设计,应采用"等动刚度"原则进行设计,使新老构件具有等价的固有频率。

(3) 抗振的结构设计

机器的机体若采用焊接结构,设计时要考虑防止振动问题。尤其是大型精加工机床,对抗振要求特别高,因为振动导致加工表面粗糙度增加,刀具磨损加速而影响加工精度;降低生产率,甚至无法正常工作。此外,振动时产生噪声,污染环境,振动使交变应力增大,降低构件的疲劳寿命。

① 动刚度

动刚度是衡量机器抗振性能的常用指标,在数值上等于单位振幅需要的动态力,即

$$K_D = \frac{p}{A} \tag{1.2}$$

式中 K_D——动刚度,N/μm;

p——动态力,N;

A——振幅,μm。

由式(1.2)可见,控制机器的振动,主要是控制振动时的振幅不超过允许值,机器在动态力的作用下刚度越大越好。

② 受迫振动及其动态特性

机器是一弹性系统,在外界激振力的持续作用下弹性系统被迫发生振动,称受迫振动。这种振动的振幅A和激振力的频率f与弹性系统的固有频率f_n之比有关,即

$$A = \frac{p}{K\sqrt{(1-\lambda^2)^2 + (2\xi\lambda)^2}} \tag{1.3}$$

式中 A——在不同频率比λ下的振幅;

p——振动力;

K——弹性系统的静刚度;

ξ——阻尼比,$\xi = \frac{r}{r_c}$;

r—— 弹性系统的阻尼系数；

r_c—— 弹性系统的临界阻尼系数；

λ—— 频率比。

$$\lambda = \frac{f}{f_n}(或 \lambda = \frac{\omega}{\omega_n})$$

式中　f—— 振动力的频率；

　　　f_n—— 弹性系统的固有频率，$f_n = \frac{1}{2\pi}\sqrt{\frac{K}{m}}$；

　　　ω—— 激振力的角频率；

　　　ω_n—— 弹性系统的固有角频率，$\omega_n = \sqrt{\frac{K}{m}}$；

　　　m—— 弹性系统的质量。

从式(1.3)中可以看出，为了减小振动的振幅，有两个基本措施：

a. 避免系统发生共振，即避免频率比 λ 等于1或接近于1。共振就是激振频率与弹性系统的固有频率相同或相近时，振幅急剧增加的现象。为避免共振，可以改变激振频率，最好是使它处于较低水平；也可以改变结构的固有频率，最好是使结构具有高的固有频率；

b. 增加弹性系统的阻尼比 ξ。在 $\lambda = 1$ 发生共振时，$\xi = 0$，其振幅为无穷大；随着 ξ 的增加，振幅很快衰减下来。

③ 抗振的结构措施

前面已经提到，防止或减小振动，一是避免发生共振；二是发生振动时能减振。

a. 提高结构的固有频率

避免共振最安全、最可靠的办法是使所设计的结构具有比激振频率高得多的固有频率。提高结构固有频率最好的方法是在提高结构静刚度 K 的同时，减轻其质量 m。以梁构件弯曲振动为例，其固有频率为

$$f_n = c\sqrt{\frac{EI_b}{F \cdot l^4}} \tag{1.4}$$

式中　c—— 与梁构件支撑条件有关的常数；

　　　E—— 构件材料的弹性模量；

　　　I_b—— 构件的抗弯惯性矩；

　　　F—— 构件的截面积；

　　　l—— 构件的非支撑长度。

从式(1.4)可以看出，提高梁的固有频率的措施有：

（a）提高梁的抗弯惯性矩 I_b；

（b）使用高弹性模量 E 的材料；

（c）减小梁的截面积 F；

（d）减小梁的非支撑长度 l，比如在梁的中间设置一个支座或一块筋板，就能使非支撑长度减小一半，固有频率就增加到4倍。

所以梁类构件的结构多采用轮廓尺寸较大、带筋板的薄壁结构，如箱格结构，对抗振

是有利的。对于动刚度要求高的大型构件,其壁板设计成双层结构较为合理,因为这种结构质量轻、静刚度大,其固有频率与单层壁相比可提高 2～5 倍。设计双层壁结构的关键是两薄壁之间正确布置筋板,筋板的作用是提高壁板的刚性和减小自由面积(即非支撑长度),达到既提高固有频率,又能防止壁板失稳的目的。图 1.2 是具有波浪筋板的双层壁板结构示例。

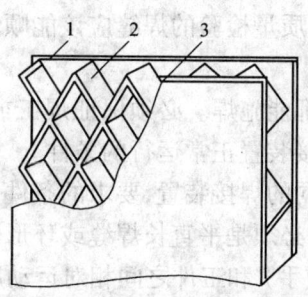

图 1.2　双层壁板的典型结构
1— 外壁板;2— 筋板;3— 内壁板

b. 改善和提高结构的固有阻尼特性

其目的还是为了减振。试验证明,在压力作用下两接触面的微小相对运动所产生的摩擦具有良好的减振作用,因为相对摩擦可以耗散振动能量,使振幅迅速衰减。灰铸铁的阻尼值比钢材高且和灰铸铁内有片状石墨存在而构成内摩擦阻尼有关。要使钢制焊接结构改善和提高其阻尼特性,主要靠有效的结构设计来达到。

(a) 采用部分熔透的接头

T 形接头两面角焊未焊透,具有一定吸振能力,因为焊后焊缝金属收缩,使未焊透的接合面之间存在接触压力,振动时该接触面微小的相对位移将产生摩擦阻尼。研究还表明,断续角焊缝的吸振能力优于连续角焊缝,同样是由于增加接触面的摩擦阻尼而减振。因此,在强度、疲劳、腐蚀允许前提下,为了减振,尽可能采用断续角焊缝。

(b) U 形减振接头

这是利用摩擦阻尼的减振作用而专门设计的接头,如图 1.3(a) 所示。这种接头在接合面处若能预先磨平再从两侧施焊,则效果更好。若接合面宽时,可用电阻点焊或塞焊,靠焊点或两侧焊缝的收缩,使接合面间产生一定的接触压力。这种接头在双层壁板中获得使用,如图 1.3(b) 所示。

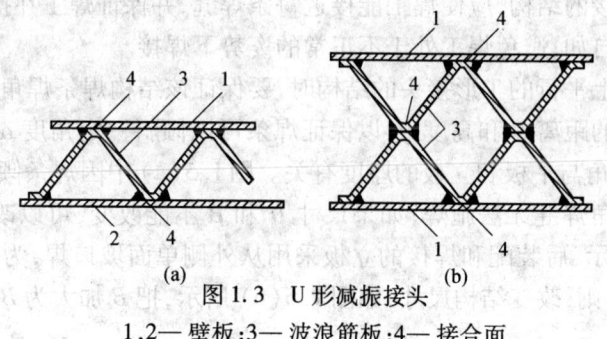

图 1.3　U 形减振接头
1,2— 壁板;3— 波浪筋板;4— 接合面

(c) 利用阻尼材料

一些大型空心构件,可在内腔填充阻尼材料,如注入混凝土等,也能提高其抗振能力。

(4) 考虑可达性的结构设计

应当避免给施工带来很大困难和增加很高制造成本的结构设计。焊接结构上每条焊缝都应该能很方便地施焊,需质量检验的焊缝应该能顺利地进行探伤。

① 焊接操作的可达性

基本要求是使每条焊缝都能施焊。必须保证焊工或焊接机头能接近焊缝,并在焊缝周围有供焊工自由操作和焊接装置正常运行的条件。

不同的焊接方法和用不同的焊接装置,要求的条件是不同的。例如,设计采用埋弧自动焊的焊接结构,焊缝的设计必须是平直长焊缝或环形焊缝,而且能处于平(俯)焊位置;沿焊缝有供自动机头(或机械手)和工件之间相对运动所需的空间,以及能安置相应的辅助装置的位置。

设计用半自动二氧化碳气体保护焊的焊接结构,要考虑焊枪必须有正确的操作位置和空间才能保证获得良好的焊缝成形。焊枪的位置根据焊缝形式、焊枪的形状和尺寸(如焊嘴的外径尺寸等)、焊丝伸出长度和接头坡口角度及大小确定。图 1.4 示出几种接头焊接时,焊枪的正常位置。

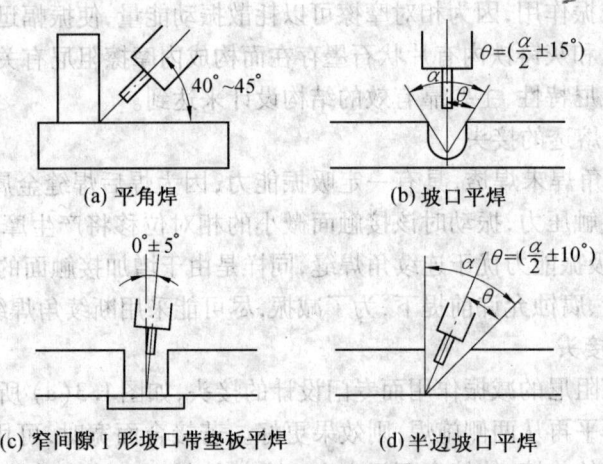

(a) 平角焊　　(b) 坡口平焊

(c) 窄间隙 I 形坡口带垫板平焊　　(d) 半边坡口平焊

图 1.4　二氧化碳气体保护焊焊枪位置

设计用焊条焊接的结构,应使焊工能接近每条焊缝,并保证焊工在操作过程能看清焊接部位且运条方便自如;避免焊工处于不正常的姿势下焊接。

当遇到两个以上平行的 T 形接头的结构时,要保证该结构焊条焊角焊缝的质量,就必须考虑两立板之间的距离 B 和高度 H,以保证焊条可以倾斜一定角度 α 和运条空间。如图 1.5 所示,这个 α 角与平板和立板的厚度有关。图 1.5(a) 中因焊条倾角 α 无法保证,两立板之间必有一条角焊缝无法施焊;如果尺寸 H 和 B 不能改变,可以改变接头的焊缝设计,如图 1.5(b) 所示,后装配和焊接的立板采用从外侧单面坡口焊,为了防止烧穿,背面可设置永久垫板;否则,改变结构尺寸,如图 1.5(c) 所示,把 B 加大为 B' 以保证焊条必要

的倾角 α,或如图 1.5(d) 所示,把 H 降低为 H'。

在管子对接的接头设计时,应采用单面的 V 形或 U 形坡口。一种焊接方案是内侧采用衬环,可以保证焊透,如图 1.6(b) 所示。其缺点是衬环增加管内流体的阻力,且防腐性能欠佳。另一种焊接方案是,采用单面焊双面成型焊接技术,如图 1.6(c) 所示,如果设计成图 1.6(a) 所示的结构,则内侧的焊缝无法施焊。

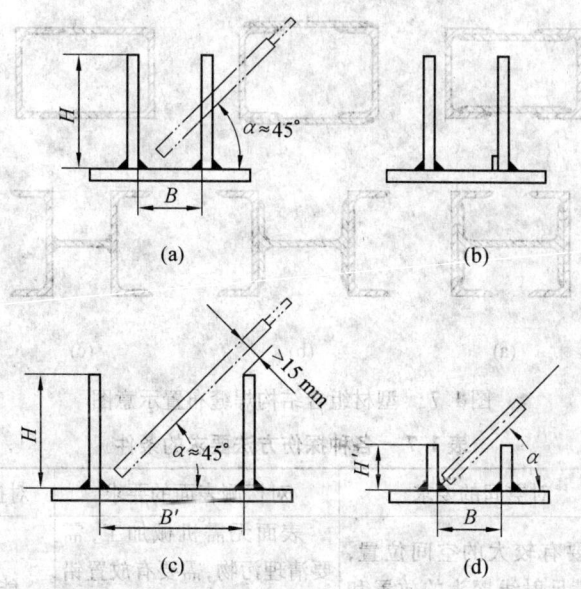

图 1.5 焊条电弧焊时的操作空间

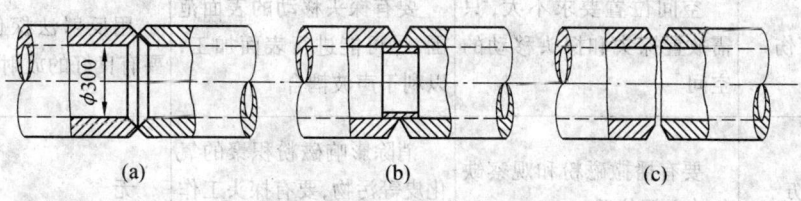

图 1.6 管子对接焊缝接头形式

还有一些典型的焊接结构,如图 1.7 所示,其中图 1.7(a) 是设计中最容易犯的错误,图 1.7(b) 是合理的设计,图 1.7(c) 是最佳的设计。

② 焊接质量检验的可达性

焊接结构上需要作质量检验的焊缝,其周围必须创造可以探伤的条件。采用不同的探伤方法相应有不同的要求,表 1.7 是焊接生产中常用几种焊缝探伤方法所要求的条件,在进行结构设计时应充分考虑。

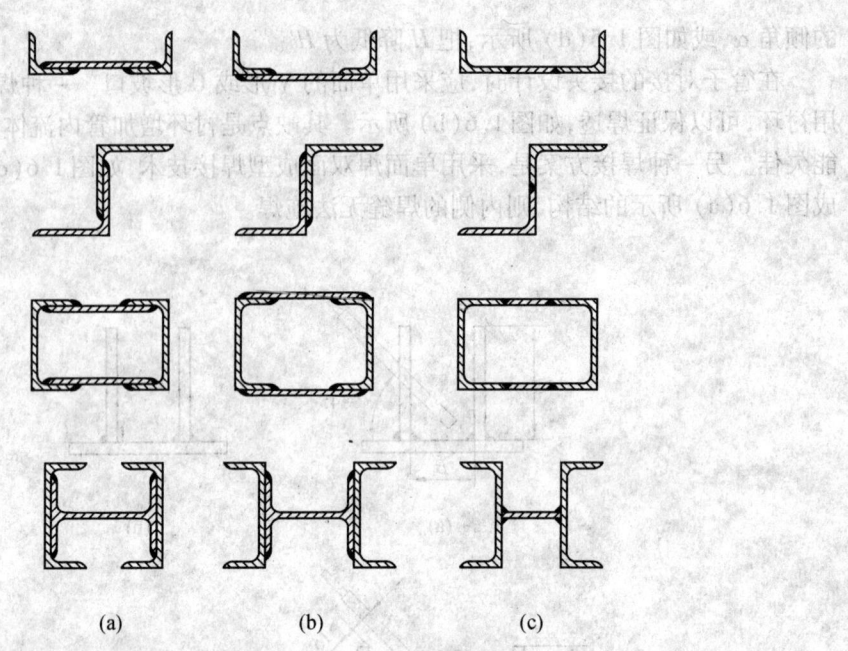

(a)　　　　　　(b)　　　　　　(c)

图 1.7　型材组合结构焊缝布置示意图

表 1.7　各种探伤方法要求的条件

探伤方法	对空间的要求	对探测表面的要求	对探测部位背面的要求
射线探伤	要有较大的空间位置，以满足射线探头的放置和调整焦距的需要	表面无需机械加工，需要清理污物，需要有放置铅字码、铅箭头和透度计的位置	能放置暗盒
超声波探伤	空间位置要求不大，只需放置探头和探头移动的空间	要有探头移动的表面范围，尽可能进行表面加工，以利于声波耦合	用反射法探伤时，背面要有良好的放射面
磁粉探伤	要有播撒磁粉和观察缺欠的空间位置	消除影响磁粉积聚的氧化皮等污物，要有探头工作的位置	无
渗透探伤	要有涂刷探伤剂和观察缺欠的位置	要求清除表面污物	若用煤油探伤，背面要有涂刷煤油的空间，清除妨碍煤油渗透的污物

3. 结构中的细部设计

焊接接头是一个性能不均匀体，与母材相比它仍然是薄弱环节。设计时就必须认真地考虑焊缝的布置，只要有可能都应避开结构上的危险断面或危险点。焊接是刚性连接，对应力集中特别敏感，而焊接结构中造成应力集中的因素很多，在确定构件形状和尺寸的强度和刚度计算中，常常为了简便忽略了应力集中，而按平均应力来计算。焊接结构的断裂破坏多数就是从被忽略的应力集中点开始的。因此,减少或消除应力集中的结构细部设计与一般强度计算同样重要。焊后未经消除残余应力的结构对脆断、腐蚀和疲劳等有影响,而在结构强度和刚度计算时也常忽略。为此,在设计焊态下使用的焊接结构时,要注意焊缝不能过于密集,减小结构的刚度,避免有拘束状态下焊接的焊缝等。

(1) 考虑受力合理的细部设计

结构上集中力作用点需考虑让该力合理地传递(或分散)到整体结构上,使结构整体承载。增加局部刚度和增大传力面积是最基本的结构措施。

① 注意刚性不足引起的结构变形

图 1.8 为在工字梁上设置吊耳的结构处理。图中上面的设计不合理,工作时会引起局部变形(图中虚线所示)。图中下面的为改进设计,力的传递得到改善。

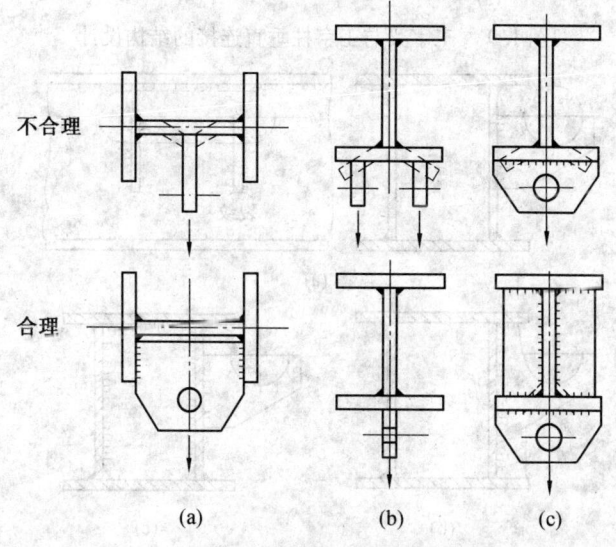

图 1.8　工字梁上吊耳的设计

图 1.9 为工字梁与工字柱垂直连接的两种连接结构。在力矩 M 的作用下,图 1.9(a) 的设计会引起工字柱翼板局部变形(如虚线所示),A 点出现拉应力峰值,可能开裂。图 1.9(b) 的设计比较合理,只需在局部变形处增设筋板,并把受拉的梁上翼板与柱连接的 T 形接头改用焊透焊缝,就能改善焊缝受力。

图 1.10 为在箱型梁侧面的腹板上焊两个托架,用以支撑空气压缩机部件。图 1.10(a) 为原设计,由于承重较大,且集中作用,于是在托架下部的腹板上产生裂纹。图 1.10(b) 增加了筋板焊缝长度,图 1.10(c) 在筋板对应腹板的内侧设置筋板,均可改善力的传递。

图 1.11(a) 为薄壁容器支座的设计,因局部刚性不足,易引起如虚线所示的局部变形。图 1.11(b) 中在支座上方增加一块厚度较大的垫板,既增加了局部刚性,又使力的传递分散和均匀。

② 改善焊缝受力的结构设计

焊接结构设计时,避免焊缝受力是一条基本原则。不可避免时,也应力求减少或改变其受力性质。

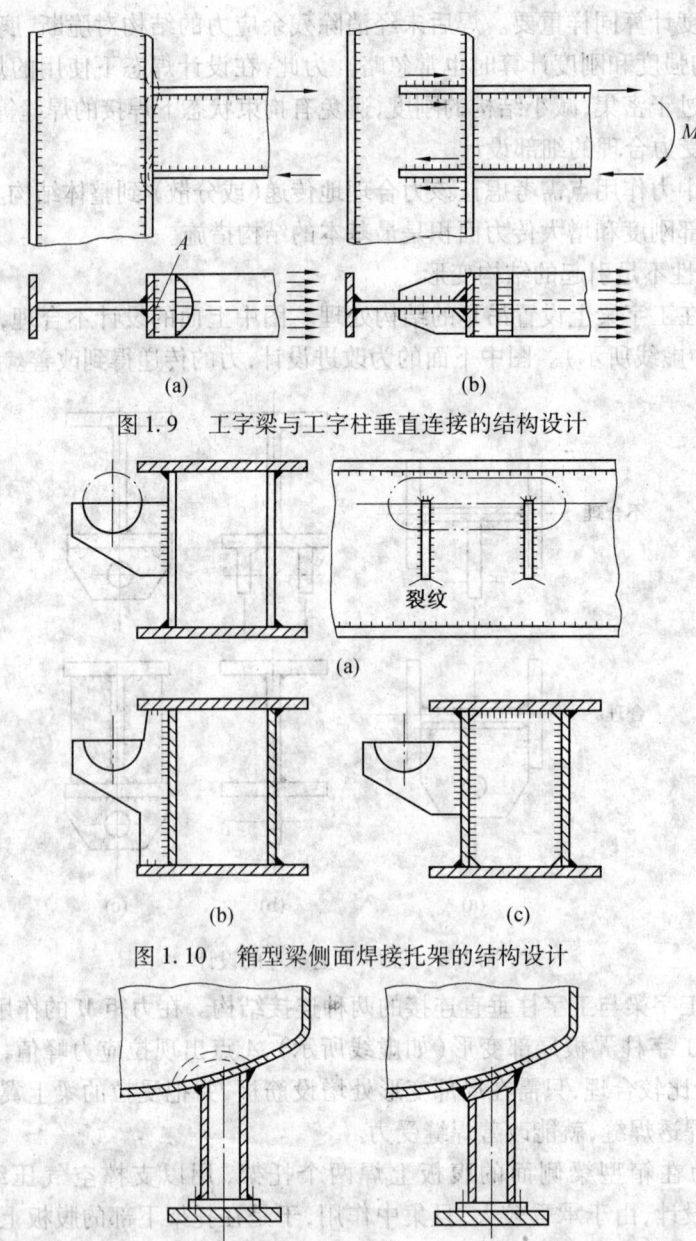

图1.9　工字梁与工字柱垂直连接的结构设计

图1.10　箱型梁侧面焊接托架的结构设计

图1.11　薄壁容器支座的设计

a. 尽可能把焊缝布置在工作应力最小的地方

工字梁(或箱型梁)上下翼板长度不足时,通常用对接焊缝拼接,其焊缝的位置一般应避免恰好落在弯矩最大的截面上。若腹板也有对接焊缝,也不宜将所有对接缝都位于同一截面上,而应当相互错开。图1.12(a)中受力的工字梁,应避免图1.12(b)的设计,图1.12(c)中的焊缝布置比较好。

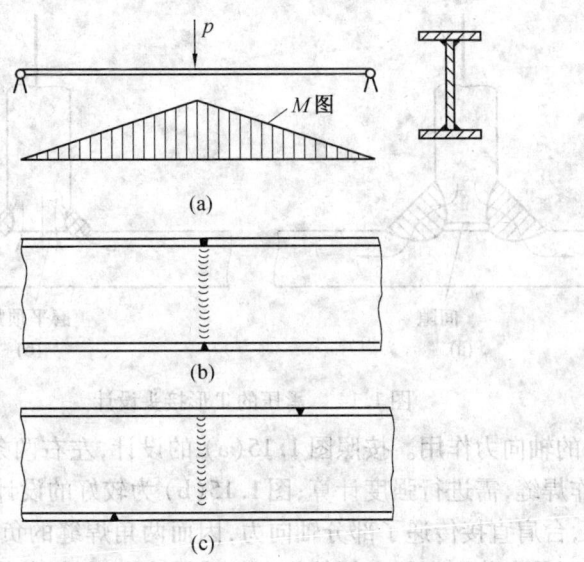

图1.12 焊接工字梁拼接焊缝的布置

b. 改变焊缝受力的性质或大小

能把工作焊缝改变成联系焊缝是最理想的设计。对于工作焊缝可以根据结构的具体情况改变它的受力性质和大小。通常焊缝金属的承载能力,最好的是受压,其次是受拉,最弱的是受剪。因此,只要有可能,要避免焊缝单纯受剪。

图1.13为由两根槽钢组焊成的方形截面梁,根据梁截面上的工作应力分布,如图1.13(a)所示,两条对接焊缝的位置应设置在上下,如图1.13(b)所示,而不是在左右两侧,如图1.13(c)所示。因为焊缝处于上下时,是联系焊缝。如果焊缝位于左右两侧,则焊缝为工作焊缝,受到最大的切应力。

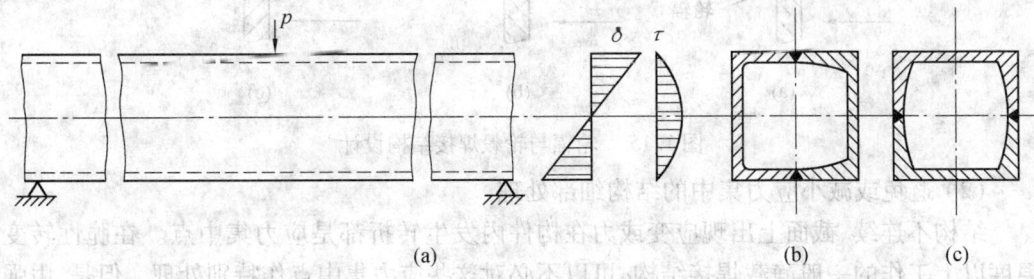

图1.13 方形空心截面梁的焊缝布置

图1.14为T形接头,工作时压力从立板传向平板。如果立板端面不平或其他原因,焊完两条角焊缝后造成端面与平板之间有间隙,如图1.14(a)所示。这时压力 p 从立板经两条角焊缝传到平板,两条角焊缝成为工作焊缝,需进行强度计算;如果立板端面与平板接合面间磨平顶紧,保证焊后接合面紧密接触,如图1.14(b)所示。工作时,压力大部分直接经接合面传递,而两条角焊缝成为联系焊缝,可采用最小焊脚尺寸,而不必进行强度计算。在各种截面梁的筋板焊接中要注意这一点。

图1.15为轮辐与轮毂三种焊接接头设计的方案,工作时,轮辐除受到径向力外还受

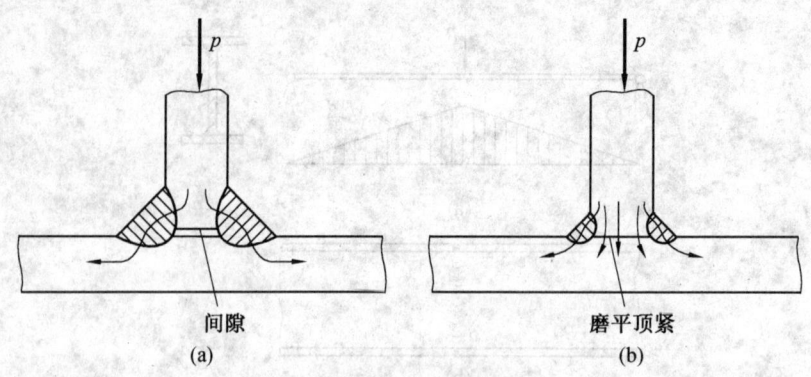

图 1.14 承压的 T 形接头设计

到图中箭头所示的轴向力作用。按照图 1.15(a) 的设计,左右两条环形角焊缝需传递全部轴向力,属工作焊缝,需进行强度计算;图 1.15(b) 为较好的设计,在轮毂上预先加上一个台肩。工作时,台肩直接传递了部分轴向力,因而两角焊缝的负荷减轻,其焊脚尺寸可减小。这种设计还具有装配定位方便的优点。采用这种设计时,一定要保证台肩必须正对轴向力。图 1.15(c) 的设计,使两条角焊缝变成联系焊缝,因而可以采用最小焊脚尺寸。从承载角度看,这是最合理的设计,但是零件多,制造工艺比较复杂。

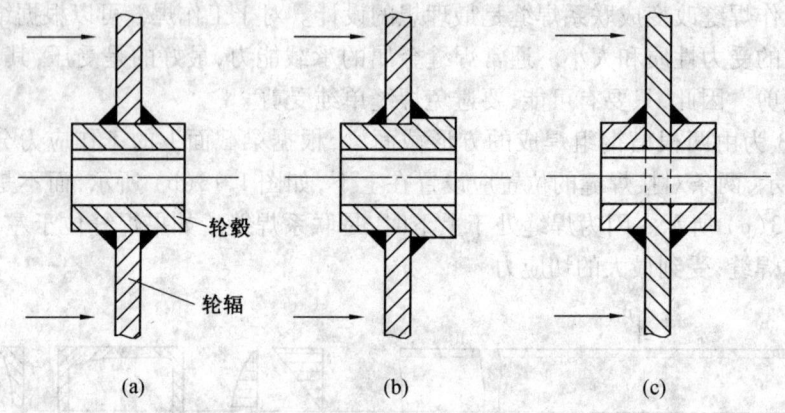

图 1.15 轮辐与轮毂焊接结构设计

(2) 避免或减小应力集中的结构细部处理

结构不连续、截面上出现应变或力在构件内发生转折都是应力集中点。在脆性转变温度以上工作的一般静载焊接结构,可以不必对这些应力集中点作特别处理。但是,由强度高、对缺口敏感的材料制作的焊接结构、厚壁的或低温工作的焊接结构,以及在动载荷下工作的焊接结构,由于它们发生的破坏一般不是平均应力,而是局部应力集中引起的,因此,必须从结构设计上及在焊接工艺上避免或降低应力集中。

正常的或标准的焊缝,其表面应力集中点出现在焊趾处。图 1.16(a) 为正常的对接接头,出现余高不可避免,于是在箭头所指的焊趾处产生程度不同的应力集中。图中已示出三种消除或降低这种接头应力集中的处理方案。图 1.16(b) 是把余高去掉,与母材平齐,彻底消除了应力集中。图 1.16(c) 只在焊趾处用砂轮打磨使焊趾处具有圆弧过渡。

图 1.16(d)是沿焊趾进行钨极氩弧堆焊或氩弧重熔,此法不仅降低了应力集中,还改善了该部位的材质。

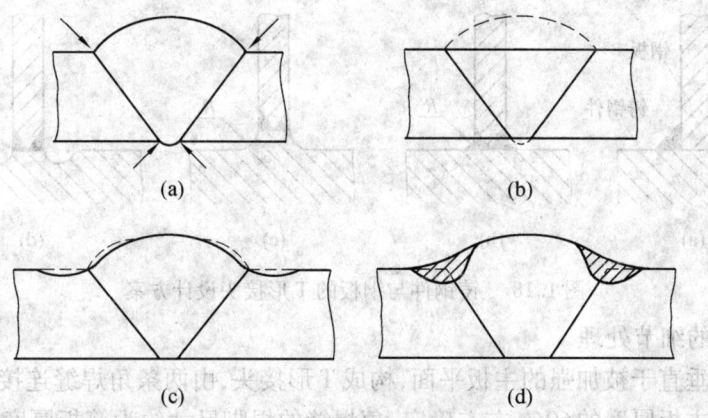

图 1.16　对接接头焊趾处应力集中及其处理方法

具有角焊缝的接头,表面的应力集中点也在焊趾处,凹面角焊缝具有最低的焊趾应力集中,在动载荷下应优先选用这种焊缝;应避免有凸度的角焊缝。降低凸度角焊缝焊趾应力集中的方法主要是对焊趾进行磨削,加工成圆弧状,类似图 1.17(c);搭接接头角焊缝设计可参照图 1.17(d)或图 1.17(e),因为减小焊缝的斜角可降低焊趾的应力集中。

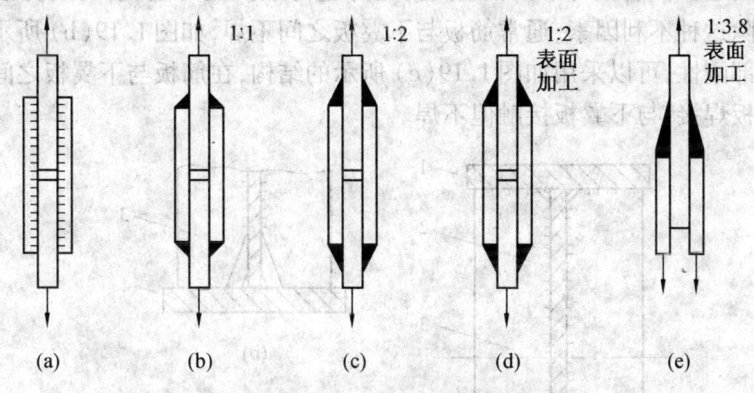

图 1.17　搭接接头焊趾设计

设计大型焊接机体或机架结构时,常遇到铸钢件与轧制板材连接。通常两者厚度相差悬殊,常构成 T 形接头,焊缝恰好落在结构截面急剧变化的部位(即应力集中区)。

图 1.18 给出四种不同的设计方案,图 1.18(a)施工最简易和经济,但因角焊缝应力集中因素多,只适于静载的或不重要的结构上;图 1.18(b)为开坡口且保证熔透的 T 形接头,焊缝属于应力集中较小的坡口焊缝(对接焊缝),具有较高的疲劳强度。这两个方案共同缺点是焊缝位于结构截面急剧变化部位,是应力集中区;厚大铸钢件散热快,焊接质量不易控制。图 1.18(c)的设计是铸钢件预先作出具有较大圆角半径为 R 的凸台,该凸台与钢板对接。这样的设计使焊缝避开结构截面突变部位,焊缝变成应力集中较小的对接焊缝,对焊缝修整或探伤要比角焊缝容易,钢板与凸台对接焊,两侧热量比较均衡,易保证焊接质量;图 1.18(d)的设计与图 1.18(c)具有相同的工作特性和优点,由于它的"凸

台"是在母材上加工出两个圆形沟槽后形成的,所以适用于平面的铸钢件或厚钢板,缺点是对截面有所削弱。

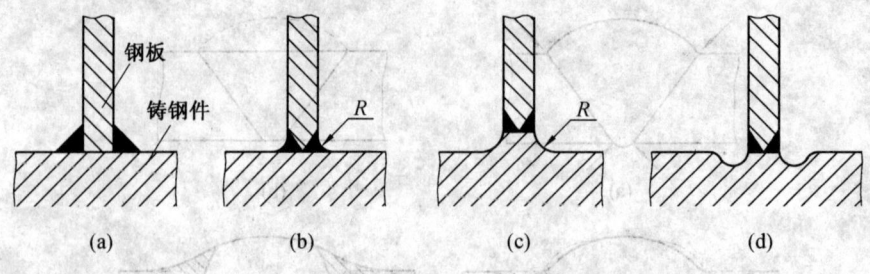

图 1.18　铸钢件与钢板的 T 形接头设计方案

(3)筋板的细节处理

筋板通常垂直于被加强的主板平面,构成 T 形接头,由两条角焊缝连接。筋板厚度一般按照被加强主板厚度的 60% 左右确定,角焊缝的焊脚尺寸约为筋板厚度的 70%。这里以工字梁为例说明筋板焊缝的细节处理。

工字梁工作时上部受压,下部受拉,为了防止翼板和腹板失稳通常使用横向筋板加强,如图 1.19(a)所示。在静载下,筋板可按图 1.19(a)设计。如果承受交变载荷,如吊车梁,则筋板设计需要考虑防止疲劳破坏的问题。吊车梁工作时,下翼板承受拉应力,不存在压曲失稳问题。但筋板与下翼板之间的角焊缝与该拉应力垂直,对疲劳强度有不利影响。为了消除这种不利因素,通常筋板与下翼板之间不焊,如图 1.19(b)所示。重要结构为了提高局部刚性,可以采用如图 1.19(c)所示的结构,在筋板与下翼板之间加一块小垫板。它与筋板焊接,与下翼板接触但不焊。

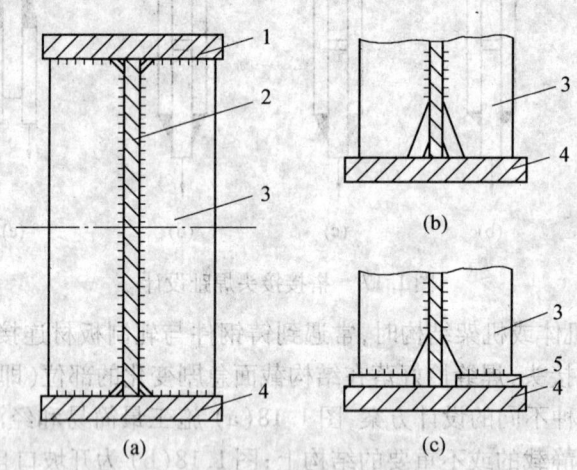

图 1.19　工字梁筋板焊缝布置

1—上翼板;2—腹板;3—筋板;4—下翼板;5—垫板

箱型梁内需设置横向筋板时,也应按上述原则进行设计。

(4)防止层状撕裂的结构措施

层状撕裂主要是在焊接过程中产生,多发生在角接头、T 形或十字形接头的热影响区,或远离热影响区的母材金属中。裂纹呈阶梯状,基本平行钢板轧制表面,如图 1.20 所示。这种裂纹从外观难以觉察,有时用超声波检查也不易发现,具有潜在危险。

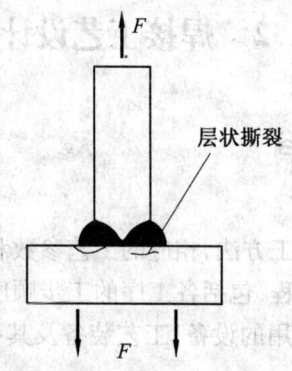

图 1.20 层状撕裂产生部位

层状撕裂属低温开裂,其横断面呈阶梯状,大体与钢板表面平行,可能发生在熔合线,也可能发生在距离熔合线稍远的部位。

产生层状撕裂的根本原因在于钢中存在硫化物、氧化物、硅酸盐等非金属夹杂物,这些夹杂物在轧制过程中形成带状组织,导致板材在厚度方向上的机械性能特别是强度和塑性严重下降,在垂直于板面的焊接应力作用下发生裂纹。同时,钢中夹杂物的存在影响氢的析出,这些氢在随后的焊接应力作用下聚集,导致或加速层状撕裂的发展。

在结构设计和焊接工艺方面主要是避免或减少焊接时沿母材板厚方向的收缩应力(或拘束应力)。表 1.8 列出了防止层状撕裂的结构和工艺措施。

表 1.8 防止层状撕裂的结构和工艺措施

易产生层状撕裂的结构	可改善的结构	说明
		箭头方向为焊接时可能出现的拘束应力的方向
		镶入不会产生层状撕裂的中间件,通常是轧制的型材或铸件
		这是压力容器壳体与接管的焊缝,采用镶入件可以有效避免层状撕裂,又有利于减小应力集中

1.2 焊接工艺设计

1.2.1 焊接工艺设计的内容

焊接工艺设计的内容主要有：
(1) 确定产品各零部件的加工方法，相应的工艺参数和工艺措施。
(2) 确定产品的合理生产过程，包括各工序的工步顺序。
(3) 决定每一加工工序所需用的设备、工艺装备及其型号规格，对非标准设备提出设计要求。
(4) 计算产品的工艺定额，包括金属材料、辅助材料、填充材料的消耗定额和劳动消耗定额等。进而决定各工序所需工人数及其技术等级，以及各种动力的消耗等。

1.2.2 焊接工艺设计的依据

(1) 产品图样及有关技术条件。
(2) 产品生产纲领，即在计划期内应当生产产品的数量和进度计划。
(3) 产品的生产性质和生产类型，生产性质是指属于样机试制还是属于批量试制，抑或属于正式批量生产。生产类型是指企业（或车间、工段、工作地）根据生产专业化程度划分的生产类别，一般分为大量生产、成批（大批、中批、小批）生产和单件生产三种类型。
(4) 本企业现有生产条件。
(5) 有关技术政策及本企业发展目标。

1.2.3 焊接工艺设计的程序

按照我国机械工业的工艺管理标准（JB/T 9169.2—1998）中规定的产品工艺工作程序，工艺过程计划是在产品结构工艺性审查之后开始的。若工艺设计作为独立部分进行，则其设计程序大致如下。

1. 设计准备

(1) 汇集设计所需的原始资料，包括有关的国家标准、行业标准和设计规范等。前述各项设计依据应收集齐全。
(2) 分析研究生产纲领，并根据生产性质和类型决定生产工艺的技术水平。
(3) 研究产品图样和技术要求，以掌握产品结构特点，了解产品设计意图和质量要求。
(4) 掌握国内外同类产品生产现状和发展趋势。

2. 工艺过程分析

主要是对产品结构特点及其技术要求进行深入分析，探求产品（包括各零部件）从原材料到成品整个制造过程的工艺方法，研究和解决加工制造中可能出现的技术难题。

3. 拟定工艺方案

综合工艺过程分析的结果,提出制造产品的工艺原则和主要技术措施,对重大问题作出明确规定。工艺过程分析与拟订工艺方案往往是平行交叉进行的,对于第一次焊接的金属材料,需作焊接性试验和其他工艺试验。工艺方案可能不止一个,须经论证比较后选出最佳方案。

4. 编制工艺文件

编制工艺文件是把经审批的工艺方案进行具体化,编写出管理和指导生产用的工艺文件。其中最主要的是工艺规范。

在生产受劳动部安全监督的焊接结构或生产法规产品的企业中,焊接工艺规程必须以相应的工艺评定报告为依据来编写。有关焊接工艺评定的内容见1.5节。

1.2.4 焊接工艺设计的要求

1. 保证生产过程的"四性"要求

(1)生产过程的连续性

要使产品生产过程的各个阶段、各个工序之间紧密衔接、连续不断地运行。

(2)生产过程的平行性

要使生产过程的各个阶段、各个工序平行作业、交叉进行,以缩短生产周期,节省整体作业时间。

(3)生产过程的比例性

要使基本生产与辅助生产之间、各工艺阶段之间、各工序之间的生产能力保持一定的比例,克服薄弱环节。

(4)生产过程的均衡性

要使产品的生产,从投料到最后完工,能够按计划、有节奏地进行,工作地负荷均衡,完成任务均衡。

2. 采用先进工艺

采用先进的工艺以保证产品质量,提高生产率,改善劳动条件和降低生产成本。因此,所采用的先进工艺或设备应能满足产品技术条件和质量要求,而且该先进工艺或设备应该是成熟可靠的,在生产时确保质量稳定;所采用的工艺应该是不污染或少污染环境,即使有污染也是可以治理的;所采用的先进工艺应该具备一定的灵活性和柔性,以适应产品改型和发展,避免生产发生变化时造成浪费和损失;在受到各种条件限制而不能全面采用新工艺时,可分出轻重缓急,有取有舍、有重点地采用新工艺、新设备。在保证总体先进的工艺水平下,使先进技术与一般技术结合,同时满足总体目标要求。

3. 采用先进的生产方式

如采用成组技术、流水生产线、柔性生产单元和生产线、准时生产制等生产方式,以缩短生产周期,减少储存或缩短运输路线。

1.2.5 生产类型及其特点

前面已经叙及,生产类型一般分大量生产、成批(大批、中批、小批)生产和单件生产三种。划分的依据是设计任务书中的生产纲领,见表1.9。各种生产类型的特点见表1.10。

表1.9 生产类型划分(JB/T 9165.1—1998)

生产类型	按产品年产量划分/台	按工作地负责的工序数划分
单件生产	1~10	不规定
小批生产	>10~150	>20~40
中批生产	>150~500	>10~20
大批生产	>500~5 000	>1~10
大量生产	>5 000	>1

表1.10 各种生产类型的特点比较

比较项目	生产类型		
	大量、大批生产	中批生产	单件、小批生产
产品特点	品种单一	品种较多	品种很多
工作地工序数	很少	较多	很多
生产设备	多用高效多用设备	部分用专用设备,又用通用设备	大多用通用设备
生产设备的布置	按对象原则排列,组成不变流水线或自动线	既按对象原则又按工艺原则排列,组成可变流水线或生产线	按工艺原则排列,一般不能组成流水线
技术工作的精确程度	产品"三化"①程度高,零件互换性强,工艺规程按工序细分制定	产品"三化"程度较低,零件在一定范围内互换,工艺规程较粗	产品"三化"程度低,零件互换性差,工艺规程简略
工艺装备	采用高效专用工装	专用与通用工装共用	主要采用通用工装
工艺装备系数	大	较大	小
工人的技术水平	调整工较高,操作工较低	较高	高,且适应性强
设备利用率	高	较高	低
劳动生产率	高	较高	低
产品生产周期	短	较长	长
计划管理工作特点	比较简单	比较复杂	复杂多变
适应市场变化能力	差	较好	好
产品成本	低	中	高
经济效果	好	较好	差

注:①"三化":标准化、系列化、通用化。

1.2.6 焊接工艺规程的编制

1. 工艺方案的确定

工艺方案是根据产品设计要求、生产类型和企业的生产能力,提出工艺技术准备工作的具体任务和措施的指导性文件。工艺方案是经过工艺过程分析,对生产中的重大技术问题有了解决的办法和意见之后,进行综合归纳和整理出来的。方案可能不止一个,一般须经评议和审批,确定最优方案。方案的内容主要有:

(1)关键质量问题的解决原则和方法,包括关键零部件的加工方法、重大工艺措施。

(2)提出工艺试验(包括焊接工艺评定)的项目和工艺装备的配置,提出专用工装的设计原则和设计要求。

(3)提出生产组织形式和工艺路线的安排原则和意见。

(4)指出工艺规程制订原则、形式和繁简程度。

工艺方案经评议通过并经上级审批,即成为生产的指导文件,成为编写各种具体工艺文件的依据。

工艺方案只规定产品制造中重大技术问题的解决办法和指导原则,要具体实施,须编制成指导工人操作和用于生产管理的各种技术文件,常称工艺文件,如产品零部件明细表、产品零部件工艺路线表、工艺流程图、工艺规程及专用工艺装备设计任务书等。

2. 工艺规程的文件形式与格式

(1)文件形式

为方便生产和管理,工艺规程有各种文件形式。表1.11为工艺规程常用文件形式,可根据具体情况按生产类型、产品复杂程度和企业条件等选用。

表1.11 工艺规程常用文件形式

文件形式	特点	适用范围
工艺过程卡片	以工序为单位,简要说明产品或零部件的加工或装配过程	单件小批生产
工艺卡片	按产品或零部件的某一工艺阶段编制,以工序为单元详细说明各工序名称、内容、工艺参数、操作要求、所用设备及工装	适用于各种批量生产
工序卡片	在工艺卡片基础上,针对某一工序编制,比工艺卡片更详细,规定操作步骤、每一工步内容、设备、工艺参数、工艺定额,带有工序简图	大批量生产和单件小批生产的关键工序
工艺守则	按某一专业工种而编制的基本操作规程,具有通用性	单件、小批、多品种生产

(2)文件格式

为了实现标准化,便于企业管理和便于工人使用,文件应有统一的格式,机械工业部颁布的《工艺规程格式》(JB/T 9165.2—1998)中规定了30多种文件的格式,无特殊要求的都应采用。这里只介绍工艺规程表头、表尾的格式(表1.12)、焊接工艺卡片(表1.13)、装配工艺过程卡片(表1.14)。

表1.12 工艺规程幅面、表头、表尾及附加栏格式

（企业名称）	（文件名称）	产品型号	零（部）件图号		共 页	第 页
		产品名称	零（部）件名称			
				设计（日期）	审核（日期）	标准化（日期）	会签（日期）
			描图				
			描校				
			底图号	标记	处数	更改文件号	签字	日期
			装订号	标记	处数	更改文件号	签字	日期

表1.13 焊接工艺卡片格式

焊接工艺卡片		产品型号		零(部)件图号		共 页 第 页	
		产品名称		零(部)件名称			
简图				主要组成件			
				序号	图号	名称	材料	数量

工序号	工序内容	设备	工艺装备	电压或气压	电流或焊嘴号	焊条、焊丝、电极		焊剂	其他规范	工时
						型号	直径			

					设计(日期)	审核(日期)	标准化(日期)	会签(日期)
标记	处数	更改文件号	签字	日期				
标记	处数	更改文件号	签字	日期				

描图　描校　底图号　装订号

表 1.14 装配工艺过程卡片格式

		产品型号		零(部)件图号			共 页	
		产品名称		零(部)件名称			第 页	
装配工艺过程卡片	装配部门			设备与工艺装备		辅助材料	工时	
工序号	工序名称	工序内容						
描图								
描校								
底图号					设计(日期)	审核(日期)	标准化(日期)	会签(日期)
装订号								
标记	处数	更改文件号	签字	日期	标记	处数	更改文件号	签字	日期

· 32 ·

3. 工艺规程编写的基本要求

编写工艺规程并不是简单地填写表格,而是一种创造性的设计过程。须把工艺方案的原则具体化,同时要解决工艺方案中尚未解决的具体施工问题。如确定加工的详细顺序、选用设备的型号规格、确定工艺要求、加工余量、工艺参数、材料消耗、工时定额等,是一件细致、繁琐的工作,现在已逐渐用计算机来编制。编制时,除必须考虑前述设计原则外,还应达到下列要求:

(1)工艺规程应做到正确、完整、统一、清晰。

(2)规程的格式、填写方法、使用的名词术语和符号均应符合有关标准规定,计量单位全部采用法定计量单位。

(3)同一产品的各种工艺规程应协调一致,不得互相矛盾,结构特征和工艺特征相似的零部件,尽量设计具有通用性的典型工艺规程。

(4)每一栏目中填写的内容应简要、明确,文字规范,字体端正,笔划清楚,排列整齐。难以用文字说明的工序或工步内容,应绘制示意图,并标明加工要求。

4. 编写工艺规程的方法与步骤

首先应根据产品的生产性质、类型和产品的复杂程度确定该产品应具备的工艺文件种类。如单件和小批生产的简单产品,有了工艺过程卡片和关键工艺的工艺卡片即可;复杂产品需要有工艺方案、工艺路线表、工艺过程卡片、工艺卡和关键工序的工序卡片等。

文件类型确定后就可以按相应的格式进行编写。填写的内容各格式中有明确规定。一般编写过程为:

(1)熟悉与掌握编写工艺规程所需的资料

除前述设计依据、工艺方案和工艺流程图外,还应汇集有关工艺标准、加工设备和工艺装备的资料以及国内外同类产品的相关工艺资料。

(2)选择毛坯形式及其制造方法

在工艺方案已确定后一般要在这时确定关键零件的毛坯制造方法。焊接结构件多用型材和板材,要确定其下料方法(如剪切、气割、锯、冲裁等)。有时要用到铸件、锻件或冲压件,要确定相应的铸造或锻压的方法。

(3)确定较详细的工艺过程

根据加工方法确定各工序中工步的操作内容和顺序,提出工序的技术要求或验收标准。

(4)选择材料、设备和工艺参数

①选择焊接材料和辅助材料,标明它们的牌号和规格。

②选择加工或检验用的设备、工具或工艺装备,注明其型号、规格。

③选择或确定各工艺条件和参数,弧焊时的工艺条件如预热、层间温度、单道焊或多道焊等;工艺参数如焊接电流、电弧电压、焊接速度、焊丝直径等。

④计算与确定工艺定额,包括材料(母材、焊材及其他辅助材料等)的消耗定额、劳动定额(工时定额或产量定额)和动力(电、水、压缩空气等)消耗定额。

5. 工艺规程中工艺的选择

在工艺过程分析时,须对制造各工序的加工方法作出选择;在编写工艺文件时,须明确定出工序的技术要求,选定加工的设备以及相应的加工工艺参数,这项工作统称工艺选择。

(1) 备料工作中的工艺选择

在焊接生产过程中,把装配所需零件的一切准备工作统称备料。每一种工序一般都有若干种加工的工艺方法,工艺设计者必须对这些加工方法及其所用设备作出选择,并针对被加工件的材质和结构特点,定出加工的工艺参数、质量要求等。选择的要领是:

①必须熟悉每一种加工方法的工作原理、加工特点、加工精度和适用范围等。

②确定工序技术要求时,必须掌握每一种工艺所遵循的标准、规程和技术要求,也包括搜集与之相关的经验数据等,这些都是制订工艺时的主要依据。例如,对剪切、气割和锯削下料的规定;对剪板的剪切精度等级、公差范围的规定;对切割零件尺寸偏差的允许值的规定等。

③选择加工设备时,必须掌握所用设备的型号、规格和技术性能。最简便的办法是查阅有关产品目录或样本。

(2) 装配工作中的工艺选择

①选择要领

a. 形状和尺寸不合格的零部件不投入装配。

b. 要有可靠的定位与紧固措施,保证装配后零部件之间的形状和位置准确。

c. 装配顺序和焊接顺序必须同时考虑,因为装配顺序和焊接顺序共同对焊接质量(尤其是焊接应力与变形)有影响,可以通过交叉进行以达到控制焊接质量的目的。

②部件组装法

大型复杂的焊接结构宜采用部件组装法。组装法的优点是:

a. 可提高装配和焊接工作质量,因为把整体结构拆分成若干部件后其质量轻,尺寸小,形状简单,操作变得方便,很容易减少立焊、仰焊等空间位置焊缝,甚至全部变成平焊位置焊缝。

b. 容易控制或减少焊接应力与变形,利用部件的划分,可把影响变形最大的焊缝在部件施焊时就获得控制或减少,而且部件发生变形后的矫正工作比整体结构发生变形后的矫正要简单和容易。

c. 可缩短生产周期,因各部件生产可以平行进行,避免了工种之间的相互影响和等待,大大提高生产率。

d. 可简化工装,降低工装制造成本。

部件组装法的优越性的发挥,需要有正确的部件划分、严格的生产管理和协调的各部件生产进度等加以保证。此外,需要有较大的作业面积。

部件划分的基本原则:

(a) 大型焊接结构最好在结构设计时就考虑到制造和运输需要而进行合理部件划分。

(b) 各部件之间的连接处尽可能避开结构上应力最大的部位,即不能因划分而削弱结构强度。

（c）部件本身最好是较为完整的结构件，如梁、柱、机座等具有相对独立的单元，便于各部件间的最后总装。

（d）最大限度地发挥部件组装配的优点，使装配、焊接、控制变形、质量检验工作更为方便，更易达到技术要求。

（e）应与现场生产能力和条件相适应，如起重运输能力、场地面积、焊后热处理条件等。

③定位焊、装配间隙和位置偏差

定位焊是在装配过程中为固定焊件的位置而在接头上进行短段焊缝的焊接。定位焊缝只起暂时固定焊件的作用，但它又是正式焊缝的一部分，因是先于正式焊缝的焊接，极易产生焊接缺陷，因此定位焊的要点是：

a. 使用与正式焊缝相同的焊材和焊接工艺，且焊接电流比正式焊缝时的电流高10%～15%。

b. 定位焊的尺寸要符合要求，见表1.15。

c. 在焊缝交叉处或焊缝方向急剧变化处不能进行定位焊，应离开这样的位置至少50 mm。

表1.15　定位焊尺寸　　　　　　　　　　　　　　　　　　　　mm

焊件厚度	焊缝长度	焊缝间距	焊缝余高
≤4	5～10	50～100	<4
4～12	10～20	100～200	3～6
>12	15～50	100～300	3～6

装配间隙是焊前在接头根部之间预留的间隙。根部间隙对焊缝成形、填充材料消耗和焊接变形发生影响。在其他条件不变的情况下，根部间隙过小，则焊缝根部不易熔透；根部间隙过大，则易烧穿，且填充材料消耗大，焊接变形也增加。当坡口的钝边减小或没有钝边时，以及采用穿透力强的焊接方法时，根部间隙可减小至零；单面焊背面带永久性衬板的接头，装配间隙可放宽，以熔透为好。表1.16 提供了在一定板厚范围内根部间隙的尺寸。

表1.16　坡口焊缝根部间隙

焊接位置	V形坡口	X形坡口
平焊		

续表1.16

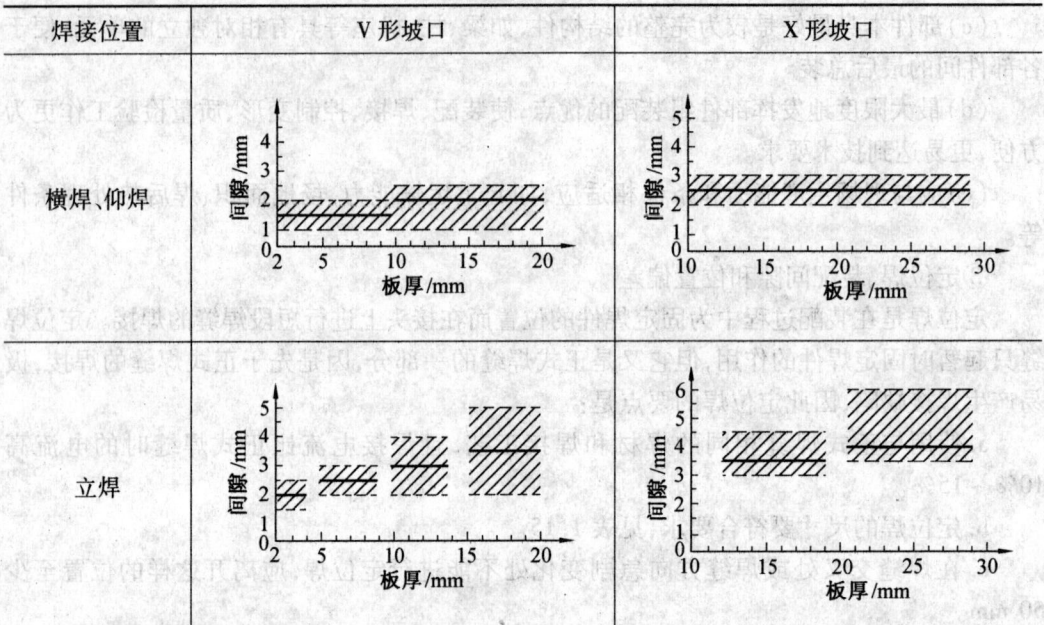

装配的尺寸偏差按照表1.17确定。

(3)焊接工作中工艺选择

制定焊接工艺时需要选定下列内容：

①焊接方法及其相应的焊接材料。

②焊接工艺参数，如焊接电流、电弧电压、焊接速度、焊条(丝)直径等。

③热处理工艺参数，如焊前预热和层间温度以及焊后热处理规范等。

④焊接顺序、方向、施焊人数及其技术等级。

⑤焊接用的设备和工艺装备。

表1.17 焊接装配尺寸偏移量允许值　　　　　　　　　　　　　mm

项目	简图	允许偏差(Δt)		
板对接板面偏移		板厚	≤6.0	<1.0
			>6.0	<2.0
型钢对接		型钢高度	≤180	<1.0
			>180~260	<1.5
			>260~630	<2.0

续表 1.17

项 目	简 图	允许偏差(Δt)	
板对接厚度偏移		焊条电弧焊	埋弧焊
		<1.0	<1.0
		<1.5	<1.0
		<2.0	
搭接接头偏移		焊条电弧焊	埋弧焊
		+5.0	+1.0
		-3.0	-1.0
T形接头偏移		±2.0	
工字梁翼板、腹板偏移		≤2.0	
工字梁翼板倾斜		≤0.01b,且最大≤2.0	
工字梁腹板倾斜		$H \leq 500$	≤1.5
		$H > 500$	≤2.0

续表 1.17

项 目	简 图	允许偏差(Δt)		
箱型梁腹板间距偏移		$\Delta b \leq 3.0$		
箱型梁翼板倾斜		$\leq 0.01b$,且最大≤ 2.0		
管对接错移		$\delta \leq 5.0$	≤ 0.5	
		$\delta > 5.0$	$\leq 0.1\delta$	
复杂截面结构偏移		型钢高度 h	$B \leq 1\,000$	$B > 1\,000$
		≤ 100	$\leq 0.015h$	$\leq 0.02h$
		$> 100 \sim 240$	$\leq 0.01h$	$\leq 0.015h$
		> 240	$\leq 0.008h$	$\leq 0.01h$

1.3 焊接生产安全规程

焊接与切割属于特种作业,经常与电器、易燃易爆气体、压力容器接触,其安全与卫生防护直接关系到操作者的人身安全和健康,必须引起足够的重视。

在焊接和切割过程中,能够对人身健康和安全造成影响的因素主要有各种辐射、烟尘、高温和易燃易爆气体。

1.3.1 焊接辐射及其防护

不同焊接方法中存在不同程度的辐射污染,比如电弧焊、高频焊、激光焊、电子束焊等焊接方法都存在程度不同的电磁辐射,其中电弧焊还有强烈的弧光辐射,钨极惰性气体保护焊还产生一定剂量的放射性污染。为此,要有针对性地做好辐射的防护。

1. 电磁辐射的产生与防护

非熔化极电弧焊接和切割(包括钨极惰性气体保护焊、等离子弧焊、等离子弧切割等)中,在引弧时用到高频振荡电流,在工作区产生高频电磁场。该磁场强度和持续时间若超过人体承受标准,会导致神经系统紊乱、神经衰弱等疾病。

防护电磁辐射的方法有:

①设备方面,在高频振荡器上安装屏蔽防护罩;尽量减少高频工作时间,控制电路应保证电弧一旦形成立即停止工作。

②操作方面,高频振荡器工作期间禁止触摸焊枪。

2. 弧光辐射的产生与防护

电弧光是电弧区的阳离子与电子复合时放出的强烈紫外光、红外线和可见光,其中对人体危害最大的是紫外线和红外线。电弧中的紫外线波长多集中在 180~320 nm 波段上,这一波段的紫外线能穿透皮肤的角质层,被真皮层和深层组织吸收,产生红斑和轻度烧伤,更会损伤眼角膜和眼结膜,导致电光性眼炎,症状多是眼部胀痛、流泪。红外线的波长越短,对人体伤害越大,长波红外线会被皮肤表层吸收,产生灼热感;短波红外线会被深层组织吸收产生灼伤。若长时间照射眼睛,则会产生红外线白内障和视网膜灼伤。

防护弧光辐射的方法有:

①工作场地,设置防护室或防护屏,防护屏必须用阻燃材料制成,外涂黑色或深灰色油漆,其高度不低于 1.8 m,下部留有 25 cm 左右通风空隙。

②个人防护方面,穿戴帆布工作服、手套、胶鞋,使用防护面罩等以遮挡皮肤和眼睛。

3. 放射性污染的产生与防护

在钨极惰性气体保护焊和等离子焊接中使用的钍钨极、铈钨极都存在一定的放射性。虽然放射剂量不足以对人体造成危害,但是长时间使用或接触到破损的皮肤,仍会对人体产生一定危害,需要仔细防护。

放射性污染的防护措施有:

①磨制钨极时要佩戴手套和口罩,减少皮肤直接接触钨极,特别是皮肤有破损时绝对

不要接触钨极和磨制产生的粉末。

②尽量使用带有吸尘装置的砂轮机。

③钨极存放地点远离作业区5 m以上。

④尽量使用放射性小的铈钨极或锆钨极。

1.3.2 焊接烟尘及其防护

焊接及切割过程中,金属、焊条药皮、焊剂在电弧热或火焰热的作用下发生熔化、燃烧或气化,伴随着一系列复杂的化学反应,会产生多种烟尘和有害气体。烟尘中含有多种金属、非金属元素及其化合物的微粒,吸入人体会产生危害。尤其是Mn、Al、Si等金属蒸气对人体危害最大,长期吸入会引起焊接尘肺病、金属中毒等。另外,焊接和切割周围的空气受到高温、弧光的辐射会产生臭氧、氮氧化物、一氧化碳、二氧化碳、氟化氢等有害气体。这些气体进入人体会刺激咽喉、口腔黏膜、气管,引起咳嗽、胸闷、头晕、全身酸痛等,严重的会引起支气管炎。其中的一氧化碳还会阻碍血液的输氧能力,造成中毒,二氧化碳会令人窒息,碱性药皮中的氟化钙在电弧高温作用下会分解成为氟化氢,引起呼吸道不适甚至气管炎、肺炎。

烟尘的防护措施中:最有效的措施是焊接作业场地的通风换气。通风换气的方法有全面通风和局部通风两种。全面通风是指对焊接作业车间设置风机和管道进行通风;局部通风是在焊接工位上方设置排烟罩,将其与管道和风机相连进行通风。如果无法实现全面或局部通风,需要佩戴防尘口罩或防毒面具。

1.3.3 焊接高温及其防护

电弧焊、火焰气焊、气割、电阻对焊、闪光焊等都会产生高温,包括焊接过程中的高温和焊件的高温。电弧焊时,电弧中心区的最高温度可达上万摄氏度,火焰气焊和气割的最高温度也可达到3 000 ℃以上。焊后的工件会在一定时间内保持较高温度。对这些高温热源要加以防护。

防护高温的措施有:

①穿戴隔热的工作服、手套、胶鞋。

②不要直接触摸焊接件。

③身体不要直接暴露于电弧照射空间。

④不要接近气焊或气割火焰(距离不要小于1 m)。

1.3.4 焊接过程防爆

火焰焊接(气焊)、火焰切割(气割)、气体保护电弧焊中要用到多种气体。按照化学性质,这些气体有两类,即活泼气体和稳定气体。活泼气体包括乙炔、氧气等,稳定气体包括氩气、氦气、二氧化碳气体等。其中的活泼气体需要严加防护,防止发生着火和爆炸。

1. 乙炔等可燃气体的安全使用规程

乙炔遇火极易燃烧和爆炸,其在空气中的燃烧速度约为5.8 m/s。乙炔气瓶不能晃动、倾斜,更不允许碰撞,否则气体会溢出。气瓶表面温度不能高于30 ℃,否则会因瓶内气体压力升高发生爆炸。乙炔不能接触铜、银，否则会产生极易燃烧的乙炔铜(Cu_2C_2)、乙炔银(Ag_2C_2)。乙炔着火不可以用四氯化碳灭火，因为乙炔接触氯离子会发生爆炸。

2. 氧气的安全使用规程

如果室内氧气浓度达到23%则会发生爆炸，为此，存放氧气的房间需要良好的通风。氧气遇到油脂也会发生燃烧和爆炸，所以氧气瓶阀、管道、焊炬、割炬均不能接触油脂。氧气绝不允许与可燃气体置于同一存储空间。氧气与乙炔的安全距离为5 m以上。

3. 其他气体的防爆措施

氩气、氮气、二氧化碳虽然不易燃烧，但由于这些气体都是经过加压灌装的，瓶内压力均很高，比如氩气瓶内最高压力可达15 MPa。因此，这些气瓶在搬运、运输过程中也严禁碰撞。瓶身最高温度不能超过30℃。

1.4 焊接质量检验

1.4.1 焊接质量检验的依据

焊后结构均要进行必要的检验，以确认焊接质量达到要求。我国可作为焊接质量检验依据的国家标准有：

GB/T 985.1—2008《气焊、焊条电弧焊、气体保护焊和高能束焊的推荐坡口》
GB/T 985.2—2008《埋弧焊的推荐坡口》
GB/T 985.3—2008《铝及铝合金气体保护焊的推荐坡口》
JB/T 7949—1999《钢结构焊缝外形尺寸》
GB/T 12469—1990《焊接质量保证 钢熔化焊接头的要求和缺陷分级》
GB/T 3323—2005《钢熔化焊对接接头射线照相和质量分级》
GB/T 11345—1989《钢焊缝手工超声波探伤方法和探伤结果分级》
GB/T 12605—2008《无损检测 金属管道熔化焊环向对接接头射线照相检验方法》
JB 4730—2005《承压设备无损检测》
GB/T 15830—2008《无损检测 钢制管道环向焊缝》
JB/T 6061—2007《无损检测 焊缝磁粉检测》
JB/T 6062—2007《无损检测 焊缝渗透检测》
JB/T 6966—1993《钎焊外观质量评定方法》

1.4.2 焊接质量检验项目

检验的内容包括：结构尺寸精度、焊接缺欠、力学性能指标、组织和化学成分等。

1. 焊接缺欠

焊接接头中的不连续性、不均匀性及其他不健全的情况，均属于焊接缺欠。其中不符合焊接产品使用性能要求的缺欠称焊接缺陷。国际焊接学会（IIW）提出了两个质量标准Q_A和Q_B，如图1.21所示。图中的Q_A是用于正常质量管理的质量水平，是生产厂家的努力目标,必须按照 Q_A 标准管理生产,也是用户期望的标准。Q_B 是反映缺欠容限的最低质量要求,只要产品质量不低于 Q_B 水平,即使产品存在缺欠,也能满足使用要求,不必返修。如果达不到 Q_B 的水平,则产品必须返修才能使用。

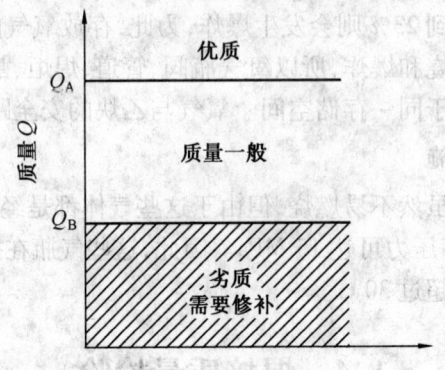

图1.21 焊接质量要求分级

GB/T 6417.1—2005《金属熔化焊接头缺欠分类及说明》把熔化焊的缺欠按其性质分为六大类:裂纹、孔穴、固态夹杂、未焊透与未熔合、形状缺欠、上述以外的其他缺欠。按照成因,这六大类缺欠又分为构造缺欠、工艺缺欠和冶金缺欠,如图1.22所示。

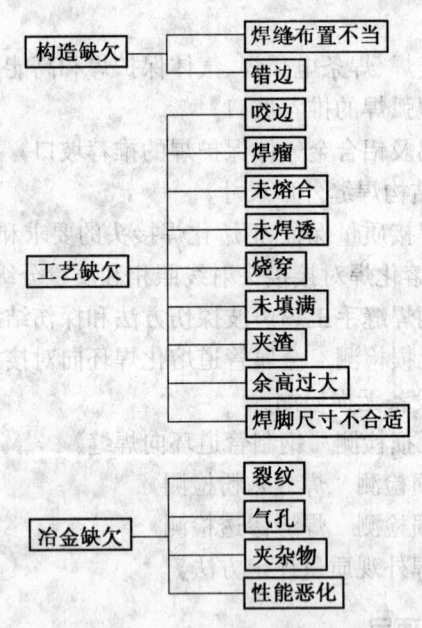

图1.22 焊接缺欠分类

在上述缺欠中,冶金缺欠是严重影响接头力学性能的一类缺欠,这里进行详细介绍。

(1)裂纹

焊接裂纹不仅会造成废品,更严重的是可以带来焊接结构灾难性的破坏。焊接裂纹按其产生的时期不同分为热裂纹、冷裂纹、再热裂纹、层状撕裂、应力腐蚀裂纹(SCC)等。各种裂纹的特征见表1.18。

表 1.18 焊接裂纹的类型及其特征

裂纹类型		基本特征	敏感温度区间	被焊材料类型	出现位置	裂纹走向
热裂纹	结晶裂纹	结晶后期,由于低熔点共晶形成液态薄膜削弱了晶粒间的结合,在拉应力作用下开裂	固相线温度以上稍高的温度	杂质较多的碳钢、低合金钢	焊缝上,少量在热影响区	沿奥氏体晶界
	多边化裂纹	已凝固的结晶前沿,晶格缺陷发生移动和聚集,形成二次边界,在高温区处于低塑性状态,在应力作用下开裂	固相线以下再结晶温度	纯金属、单相奥氏体	焊缝上,少量在热影响区	沿奥氏体晶界
	液化裂纹	在焊接热循环峰值温度作用下,在热影响区和多层焊层间发生重熔,在应力作用下开裂	固相线以下稍低温度	含硫、磷、碳较多的高强钢、奥氏体钢	热影响区及多层焊层间	晶界开裂
再热裂纹		厚板焊后去应力退火加热时,热影响区的粗晶区存在应力集中时,应力的松弛产生附加变形大于该部位的蠕变塑性产生裂纹	600~700℃热处理	含有沉淀强化元素的高强钢、珠光体钢、奥氏体钢、镍基合金	热影响区的粗晶区	晶界开裂
冷裂纹	延迟裂纹	在氢、淬硬组织、拘束应力的作用下产生的具有延迟特征的裂纹	M_S点以下	中、高碳钢,低、中合金钢、钛合金	热影响区,少量在焊缝	沿晶或穿晶
	淬硬脆化裂纹	淬硬组织在焊接应力作用下产生	M_S点附近	镍铬钼钢、马氏体不锈钢、工具钢	热影响区,少量在焊缝	沿晶或穿晶
	低塑性脆化裂纹	在较低温度下,由于被焊材料的收缩应变超过了强度产生裂纹	400℃以下	铸铁、堆焊硬质合金	热影响区及焊缝	沿晶及穿晶
层状撕裂		钢板内存在带状组织,在垂直于轧制方向的应力作用下在热影响区及其附近产生阶梯式撕裂	400℃以下	含有杂质的低合金高强钢厚板结构	热影响区附近	穿晶或沿晶
应力腐蚀裂纹(SCC)		在腐蚀介质和应力的共同作用下产生的裂纹	任何工作温度	碳钢、低合金钢、不锈钢、铝合金	焊缝及热影响区	沿晶开裂

①热裂纹

图 1.23 是热裂纹产生的部位。热裂纹大都是沿着焊缝树枝状结晶的交界处产生和

发展的。最常见的情况是沿焊缝中心长度方向开裂,有时也分布在两个树枝状晶体之间焊缝表面或弧坑上。热裂纹按形成的条件不同,有结晶裂纹、多边化裂纹和液化裂纹。

a. 结晶裂纹主要在杂质元素较多的碳钢、低合金钢中产生。它的产生有两个条件:第一,低熔点共晶体。焊缝金属结晶时,先结晶的部分金属较纯,后结晶的部分金属杂质较多。而且这些杂质往往会形成一些熔点较低的共晶物,这些熔点较低的共晶物称为低熔点共晶体。如含硫量较高的熔池,常会形成熔点仅为988℃的Fe-FeS低熔点共晶。在熔池金属结晶过程中,低熔点共晶常被排挤在晶界形成一种所谓的"液态薄膜"。第二,焊接应力。两个条件同时具备就形成了结晶裂纹。结晶裂纹的断口上往往能见到氧化的痕迹,说明结晶裂纹是在高温下产生的。

b. 在焊接热循环作用下的热影响区或多层焊层间区域,低熔点共晶物被重新熔化,在收缩应力的作用下沿着奥氏体晶界开裂形成液化裂纹。可见,液化裂纹与结晶裂纹的冶金条件均是杂质元素形成的低熔点共晶体。

c. 焊缝或热影响区在固相线以下的高温区间,由于刚刚凝固的金属存在严重的偏析和晶格缺陷,在应力作用下晶格缺陷的移动和聚集形成二次边界,即所谓"多边化边界",边界处堆积了大量晶格缺陷,高温下塑性差、强度低,在拉应力作用下产生变形甚至开裂,即多边化裂纹。这类裂纹多产生在纯金属、单相奥氏体材料中。

②冷裂纹

冷裂纹是焊后较低温度下产生的,可以在焊后立即出现,也会在焊后经过一段时间才出现。有的裂纹起初数量较少,随着时间的延长会增多。这些不是在焊后立即出现的冷裂纹称之为延迟裂纹。图1.24是冷裂纹常出现的部位。

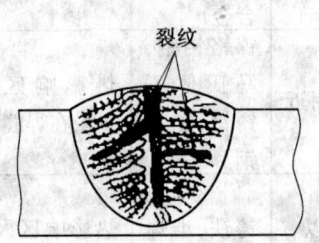
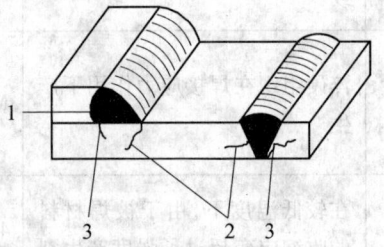

图1.23 热裂纹产生的部位　　图1.24 冷裂纹产生的部位
1—焊道下裂纹;2—焊趾裂纹;3—焊根裂纹

冷裂纹的产生原因归结起来有组织条件、冶金条件和力学条件三个方面。

a. 钢的淬硬倾向

焊接时钢的淬硬倾向越大越容易产生冷裂纹。淬硬组织马氏体几乎没有塑性,在应力作用下不会产生塑性变形而释放应力,一旦应力值超过了其强度就会产生裂纹。化学成分决定了钢的淬硬倾向,含碳量及其他固溶元素越高淬硬倾向越明显。焊后冷却速度也是一个重要的影响因素,冷却速度越快,钢越容易淬硬。钢的淬硬性可以理解为产生冷裂纹的组织条件。

b. 氢的作用

氢是引起高强钢焊接时形成冷裂纹的重要因素之一,并且使之具有延迟裂纹的特征。通常把氢引起的延迟裂纹称为氢致裂纹。实践表明,氢在奥氏体中的溶解度大,在铁素体中的溶解度小。当焊缝金属由奥氏体向铁素体转变时,氢的溶解度会突然降低,与此同时,氢的扩散速度在奥氏体向铁素体转变时突然增加。焊接高强钢时,焊缝金属的含碳量总是被控制低于母材,因此,焊缝在较高的温度就发生了相变,即由奥氏体分解为铁素体、珠光体、贝氏体等。此时,热影响区的金属尚未开始奥氏体的分解,当焊缝金属发生由奥氏体向铁素体组织转变时,氢的溶解度突然降低。同时,氢在铁素体、珠光体中的扩散速度比较大,因此,此时氢就很快地从焊缝穿过熔合区向尚未发生分解的奥氏体的热影响区中扩散,而氢在奥氏体中的扩散速度较小,还来不及扩散到距离熔合区较远的母材方面去,因此在熔合区附近就形成了富氢地带。当滞后相变的热影响区发生奥氏体向马氏体转变时,氢便以过饱和状态残存于马氏体中。如果热影响区存在一些微观缺陷,如显微杂质和微孔,氢便会在这些缺陷处聚集,并由原子状态转变为分子状态,形成较大的压力,使得这些原有微观缺陷不断扩展,甚至形成裂纹。氢由溶解、扩散、聚集、转变、产生应力直至开裂具有延迟特性,因此称氢致裂纹为延迟裂纹。氢的存在可以理解为产生冷裂纹的冶金条件。

c. 接头的应力

焊接的拘束应力来自三个方面,焊缝收缩时的热应力,淬硬组织转变产生的组织应力,焊接结构的拘束应力。其中焊接结构的拘束应力来自结构自身对接头产生的拘束,夹具对结构的拘束,已焊焊缝的拘束等。接头应力可以理解为产生冷裂纹的力学条件。

③再热裂纹

厚板采用多层焊、埋弧焊、电渣焊后,组织粗大,力学性能下降,需要焊后热处理消除应力、细化组织,进而提高接头力学性能。对于某些高强度钢,在进行去应力热处理的加热过程中,在热影响区的熔合线附近会产生裂纹,称之为再热裂纹。

再热裂纹一般起始于接头的焊趾部位或焊缝根部的应力集中部位,向焊缝及热影响区的粗晶区扩展,在焊缝的细晶区终止。裂纹的走向是原始奥氏体晶界,有明显的曲折性。

影响再热裂纹产生的因素有如下三个方面。

a. 合金元素

含有 Cr、Mo、V、Ti 等元素,会增加产生再热裂纹的倾向。由于这些元素增加了钢的淬透性,焊后的钢易产生淬火组织,这类组织回火稳定性好,去应力热处理的温度一般在高温回火的区间,在去应力热处理期间不易分解,使得热处理后的组织塑性仍旧较低,容易在应力作用下开裂。

b. 焊接残余应力

在焊接接头的咬边、未焊透、焊趾等部位容易残余应力集中,这也恰恰是再热裂纹容易产生的部位。

c. 热处理温度

具有再热裂纹敏感性的钢种都有再热裂纹产生的敏感温度范围,比如含 Cr、Mo 等元素的低合金高强钢的敏感温度在 580~650℃。

d. 层状撕裂

见 1.1.2 节所述。

e. 应力腐蚀裂纹

应力腐蚀裂纹是在应力与特定腐蚀介质共同作用下产生的焊接裂纹。其分布如同疏松的网状或龟裂的形态,如果出现在焊缝表面,多以横向裂纹形式出现,如果深入金属内部观察,则呈现树根根须形态。如图1.25所示。

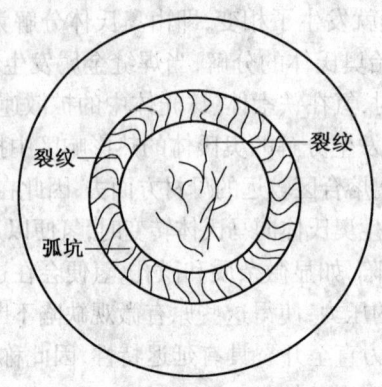

图1.25 应力腐蚀裂纹产生的部位和形态

一般情况下,低碳钢、低合金钢、铝合金、α黄铜、镍基合金等的应力腐蚀裂纹多数沿晶开裂,而β黄铜和在氯化物中的奥氏体不锈钢应力腐蚀裂纹多以穿晶开裂为主。

金属材料并不是在任何腐蚀介质中都产生应力腐蚀裂纹,某种材料只有在特定的腐蚀介质中才产生应力腐蚀裂纹。比如,纯金属一般不产生这类裂纹,只有合金在特定腐蚀介质中才可能产生。

同时,焊接残余应力也是产生应力腐蚀裂纹的重要因素,即使结构在工作中不承受载荷,只要有焊接残余应力也会产生这类裂纹,为此,在焊接生产中必须引起足够的重视。

应力腐蚀裂纹产生的机理有两个方面。第一,金属氧化膜的机械破坏机理:焊接应力产生金属的塑性变形,这种变形产生金属的滑移台阶,当台阶的高度大于氧化膜的厚度时,氧化膜便被破坏,新鲜金属暴露于介质中,与氧化膜构成腐蚀电池,满足了电化学腐蚀条件;第二,金属的电化学腐蚀机理:新鲜金属电极电位低于其氧化膜,首先产生溶解

$$M \longrightarrow M^{n+} + ne$$

裂纹随即产生。如果介质中有H^+,则会发生还原反应

$$H^+ + e \longrightarrow H$$

H向金属中扩散,形成脆化,开裂加剧。

(2)气孔

焊缝中的气孔是熔池金属结晶过程中产生的。它的存在减小了接头的有效承载面积,形成应力集中,显著降低接头的强度和韧性,是造成接头破坏的原因之一。

按照形成气孔的气体分为氢气孔、氮气孔、一氧化碳气孔等;按照气孔所处位置分为表面气孔、内部气孔等。尽管形成气孔的气体不同,所处位置不同,但都是气体在熔池金属结晶过程中来不及逸出形成的。

①氢气孔与氮气孔

氢气孔大多出现在焊缝表面,断面呈螺旋状,内壁光滑,在焊缝表面有喇叭状开口。氮气孔多数也出现在焊缝表面,多数成堆出现,似蜂窝状。

氢气孔的成因主要是焊材含水、作业环境潮湿等,所以焊接前需要将焊材按规程充分烘干。氮气孔主要是气体保护效果不好,空气侵入造成的。要选择合适气体流量以确保保护效果。

②一氧化碳气孔

常出现于 CO_2 气体保护焊、焊条电弧焊中,其机理主要是活性氧与熔滴、熔池金属中的碳反应生成 CO,CO 不溶于液态金属会向外逸出,若来不及逸出便会形成气孔。应对这种气孔的主要方法是在焊材中添加脱氧元素锰、硅等进行脱氧反应。

(3) 夹杂物

焊接时脱氧、脱硫产物来不及上浮而残存在焊缝金属中形成夹杂物。

①氧化物类夹杂

在焊条电弧焊、埋弧自动焊中,焊缝中的氧化物类夹杂主要是 SiO_2,其次是 MnO、TiO_2、Al_2O_3,一般多以硅酸盐形式存在。这些夹杂物若以密集的块状分布时则容易引起热裂纹。

焊接中,冶金措施、工艺措施促使脱氧反应进行的越充分,氧化物类的夹杂物越少,会进入熔渣上浮形成渣壳。这里的冶金措施主要指焊材中、焊剂中添加脱氧元素锰、硅等,工艺措施主要指焊接速度、焊接电流等工艺参数得当,使脱氧产物和熔渣有充分的时间上浮。

②硫化物类夹杂

硫化物类夹杂主要以 FeS 和 MnS 形式存在。主要来源有母材、焊材、焊剂,这些材料中含硫偏高是导致产生硫化物夹杂的原因之一。其次,能够产生氧化物夹杂的工艺因素也是导致硫化物夹杂的原因。硫在高温的 δ-Fe 中的溶解度约为 0.18%,在 γ-Fe 中的溶解度仅为 0.05% 左右,为此,随着熔池金属温度的降低硫会从过饱和的固溶体中析出形成 FeS 和 MnS 等夹杂物。其中 FeS 多在晶界析出,并容易与 Fe 或 FeO 形成低熔点共晶体,导致热裂纹的产生。因此必须严格控制母材、焊材、焊剂中的含硫量。

③氮化物类夹杂

用气体保护焊方法焊接低碳钢、低合金钢时,若保护不良会导致空气侵入熔池而溶解氮气,在随后熔池的凝固和冷却中,氮从过饱和固溶体中析出,与 Fe 形成 Fe_4N 夹杂物,并以针状分布于晶界或贯穿晶粒,导致焊缝强度、韧性急剧下降。

2. 力学性能指标

焊接接头的力学性能指标包括强度、塑性、韧性、硬度、缺口敏感性等。其中强度是抗拉强度 σ_b,塑性指标是屈服强度 σ_s,韧性指标是冲击韧度 A_K。

3. 接头组织

接头组织包括检查接头的宏观组织和显微组织。宏观组织检验检查接头组织的不均匀性,宏观缺欠的分布和类型。显微组织检验检查接头的微观组织形貌、晶粒大小、偏析的分布等。

4. 化学成分

化学成分分析检验接头主要化学元素的含量、扩散氢含量、耐蚀性变化。

1.4.3 焊接检验方法

焊接检验的方法有非破坏性检验、破坏性检验、工艺性检验等。表1.19是焊接质量检验的方法分类。下面着重介绍压力检验、致密性检验和无损检验方法。

表1.19 焊接检验方法分类

类别	特点	内容	
非破坏性检验	检验过程不破坏被检结构和材料	外观检验	母材、焊材、坡口、焊缝表面质量,成品、半成品外观几何形状和尺寸
		压力检验	水压试验,气压试验
		致密性检验	气密性试验,吹气试验,载水试验,水冲试验,煤油试验,渗漏试验,氨检漏试验
		无损检验	射线探伤,磁粉探伤,超声波探伤,渗透探伤检验残余应力、内部缺陷
破坏性检验	检验过程须破坏被检结构和材料	力学性能试验	拉伸,弯曲,冲击,硬度,疲劳等试验
		化学分析试验	晶间腐蚀试验,铁素体含量测定
		金相与断口分析	宏观组织分析,显微组织分析,断口检验
工艺性检验	为确保工艺的正确性进行的事前检验	焊接工艺评定试验,工艺装备检验,辅机及工具检验,结构装配质量检验,焊接工艺参数检查,预热、焊后热处理检验	

1. 压力检验

压力试验方法用以检验锅炉、压力容器、管道等结构的整体强度、变形量和有无渗漏。有水压试验法和气压试验法。

(1)水压试验法

水压试验用于检验高压容器,以水为介质,充满容器内腔,用高压泵将水加压,用两块同等量程且经过校验的压力表显示水压。试验条件严格按照《蒸汽锅炉安全技术监察规程》执行。具体要求有:

①水压试验要在无损探伤和热处理后进行;
②单个锅炉或整装出厂的锅炉要按照表1.20规定进行水压试验;
③对接焊接的受热面管子及其他受热管件试验压力应取工作压力的1.5倍,并保持10~20 s。

表1.20 锅炉水压试验压力

名称	锅筒(锅壳)工作压力 p	试验压力
锅炉本体	<0.8 MPa	$1.5p$ 且不小于 0.2 MPa
锅炉本体	0.8~1.6 MPa	$p+0.4$ MPa
锅炉本体	>1.6 MPa	$1.25p$
过热器	任何压力	与锅炉本体试验压力相同
可分式省煤器	任何压力	$1.25p+0.5$ MPa

(2)气压试验法

气压试验法一般用于检验低压容器、管道和不适合进行水压试验的容器。气压试验必须严格按照《固定式压力容器安全技术监察规程》(TSGR 0004—2009)进行,并应特别注意:

①试验场地要有安全防护措施,最好在隔离场地进行。

②在供气管道上要设置缓冲罐,其出入口均安装阀门,以保证供气稳定。焊接构件和气源上均应安装同量程压力表、安全阀。

③试验用气体应是干燥的空气、氮气或其他惰性气体,气温不低于15℃。

④逐级升压,每升级一次保持一定时间。升压期间,工作人员要远离容器。第一次升压至试验压力的10%,保持10 min,对所有焊缝进行初次检查。合格后继续升压至试验压力的50%,其后按试验压力的10%递增,直至升至试验压力,保持10~30 min,然后降到工作压力,保持30 min,进行最后一次检查。

2. 致密性检验

致密性检验又称密封性检验,用于检验焊缝是否有漏气、漏水、漏油等情况。目前工程上常用的方法有气密性试验、氨气试验和煤油试验。

(1)气密性试验

气密性试验是将压缩空气压入容器,利用容器内外压力差检验焊缝有无渗漏的方法。检验小容积容器时,可以将容器浸入水中充入气体,若焊缝有渗漏则可见到水中有气泡;大容积的容器在充气后在焊缝处涂肥皂水验证是否有渗漏。

(2)氨气试验

向容器中充以含有10%氨气的压缩空气,在焊缝上粘贴浸过5%硝酸汞的试纸,若焊缝有渗漏,则在试纸上相应部位会显示出黑色斑纹。

(3)煤油试验

煤油试验适合检验敞开式容器和储存液体的大型容器。在焊缝的一侧涂刷石灰水,干燥后在焊缝的另一侧涂刷煤油2~3次,保持一定的时间。若焊缝有渗漏则会在石灰表面出现黑色斑痕。

3. 无损探伤

无损探伤又称无损检测(NDT),是在不损伤、不破坏材料和结构的情况下检测内在缺欠的方法。NDT不仅能判断出是否有内在缺欠,而且能判断出缺欠的性质、形状、大小、位置、取向等。目前常用的无损探伤方法有射线、超声波、磁粉、渗透、涡流等。

(1)超声波探伤(UT)

超声波是频率高于20 kHz,人耳不易听到的机械波,与光类似具有指向性,故可用于探伤。超声波探伤是利用超声波的反射原理,即利用焊缝中的缺欠与正常组织具有不同的声阻抗和声波在不同的声阻抗介质界面上会产生反射的原理。探伤过程是由探头中的压电换能器发射超声波,通过声耦合介质(水、油、甘油、浆糊等)传播到焊件中,遇到缺欠、板材界面产生反射波。经过换能器转换成电信号放大后打印出来或显示在屏幕上。根据探头的位置和声波的传播时间可以知道缺欠的位置,观察反射波的幅度可以近似地估计缺欠的大小。UT法适合检测表面及内部缺欠,比如气孔、裂纹、夹渣等。

(2)射线探伤(RT)

射线探伤是利用X射线或γ射线照射检验对象以检查内部缺欠的方法。目前工业上常用的方法有照相法、透视法(荧光屏直接观察法)和工业X射线电视法。其工作原理是:射线穿过工件时,缺欠部分和无缺欠部分对射线的吸收不同,在工件另一侧的底片或显示屏上产生强度不同的曝光,以判断缺欠的位置、投影大小,如图1.26所示。

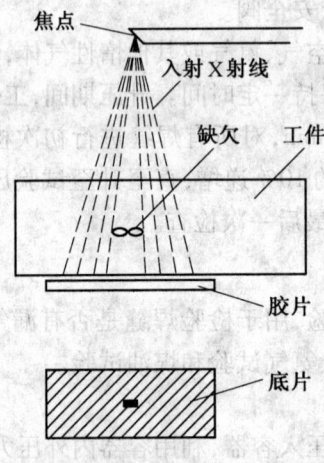

图1.26 射线探伤法工作原理

射线探伤法对体积缺欠敏感,其缺欠影像清晰并可永久保存,工业上应用广泛。在没有电源的情况下,可以选用放射性同位素产生γ射线进行探伤。

焊接常见的缺欠如气孔、裂纹、夹渣、未熔合、未焊透等在X射线照相底片上显示各自的特征,见表1.21。

表1.21 常见焊接缺欠的X射线影像特征

缺欠种类	影像特征
气孔	多为圆形、椭圆形黑点,中心黑度较大,也有针状、柱状的;有密集分布、单个出现、链状分布等
裂纹	一般呈直线或略带锯齿状的细纹,轮廓清晰,两端尖锐,中部较宽;有时呈现树枝状
夹渣	形状不规则,有点状、块状、条状等;黑度也不均匀,一般条状夹渣大体与焊缝平行,或者与未焊透、未熔合同时出现
未熔合	坡口未熔合一般一侧平直,另一侧弯曲,黑度淡而均匀,常伴有夹渣;层间未熔合影响不规则且不易分辨
未焊透	呈现规则的直线状的条纹,常常伴有气孔和夹渣

(3)磁粉探伤(MT)

磁粉探伤的原理是利用在强磁场作用下,铁磁性材料表面缺欠产生的漏磁场会吸附磁粉而检验表面缺欠。

铁磁性材料(铁、钴、镍)表面或近表面有缺欠(气孔、裂纹、夹渣)时,一旦被磁化,就会有磁力线在此处外溢形成漏磁场,如图1.27所示。如果在试件表面播撒磁粉则会在此处被吸附,显示出缺欠的情况。根据磁粉的痕迹(磁痕)就可以判断缺欠的位置、大小和形状。

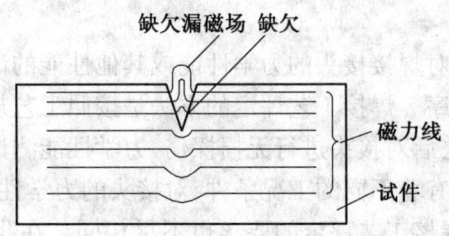

图1.27 磁场外溢形成漏磁场示意图

缺欠的长度、取向、位置和被测面的磁化强度反映在漏磁场的强度和分布上。当缺欠取向与磁化方向垂直时,检测灵敏度和准确性较高,缺欠取向与磁化方向平行时经常会没有显示。

(4)渗透探伤(PT)

利用某些液体的渗透性来发现和检验缺欠的方法叫渗透探伤。PT法用于检验试件表面露头缺欠,如裂纹、气孔等。

渗透探伤原理以物理学中液体对固体的润湿能力和毛细现象为基础,先将含有染料且具有高渗透能力的液体渗透剂涂覆到被检工件表面,由于液体的润湿作用和毛细现象,渗透液便渗入表面开口缺欠中,然后去除表面多余渗透剂,再涂一层吸附力很强的显像剂,将缺欠中的渗透剂吸附到工件表面上来,在显像剂上便显示出缺欠的痕迹,通过观察痕迹,对缺欠进行评定。

渗透探伤方法有着色渗透法和荧光渗透法。着色渗透法通过目测即可判断缺欠情况,而荧光渗透法需要借助紫光灯使荧光剂显像才能进行检测。两种渗透探伤法的基本过程如图1.28所示。这里要特别注意下面两个步骤:

图1.28 渗透探伤的过程

一是焊件表面清理:通过打磨、酸洗、溶剂清洗等方法彻底清除被测工件表面的氧化皮、锈皮、油污、飞溅熔渣等杂质。

二是涂覆渗透剂:为使渗透剂充分深入缺欠,涂覆时间要在10 min以上。

用于渗透探伤的渗透剂有着色渗透剂和荧光渗透剂两大类。着色渗透剂有丙酮、变压器油、蒸馏汽油、苯馏酚、苯甲酸甲酯等;荧光渗透剂有固体荧光渗透剂和液体荧光渗透剂两类,其中的固体荧光渗透剂有CaS-Mn、CaS-Ni、ZnS-Mn等,液体荧光渗透剂有石油与航空煤油混合物,变压器油与煤油混合物等。按照渗透剂的溶解特性,又分为水洗型渗透剂、后乳化型渗透剂和溶剂型渗透剂,这三类渗透剂分别需要用水、乳化剂、有机溶剂去除。

1.5 焊接工艺评定

1.5.1 概述

焊接工艺评定是通过对焊接接头的力学性能或其他性能的试验证实焊接工艺规程的正确性和合理性的一种程序。焊接工艺评定的方法是按照工艺规程中规定的母材、焊材、工艺参数制备焊接试板,之后对接头进行无损探伤、力学性能测试、显微组织分析。

各种不同的焊接结构有着不同的工况条件,对接头的力学性能、显微组织和其他性能要求也各不相同。所以,焊接工艺评定的要求也不尽相同。在我国,针对锅炉、压力容器和其他钢结构的工艺评定均有明确的标准,包括 JB 4420—89《锅炉焊接工艺评定》,JB 4708—89《钢质压力容器焊接工艺评定》,JB/T 6963—98《钢制件熔化焊工艺评定》等。

1.5.2 工艺评定的范畴和方法

1. 焊接工艺评定的内容及其程序

图 1.29 是通行的焊接工艺评定内容及其程序,具体要求如下。

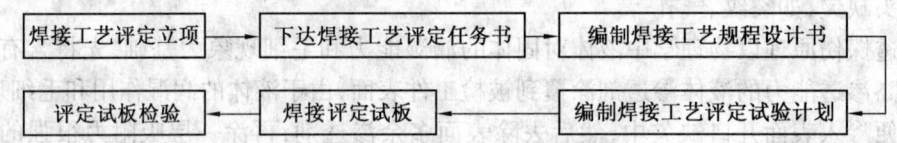

图 1.29 焊接工艺评定的内容及其程序

(1)焊接工艺评定立项

不是所有的焊接工艺规程均需要进行焊接工艺评定,只有如下三种情况需要进行:①新产品试制;②产品改型;③焊接工艺变更,包括焊接方法、母材牌号与规格、填充金属、预热与焊后热处理措施、保护气体、电参数、操作技术等发生变化。有上述任一情况均需要进行焊接工艺评定立项,由本单位总工程师签字批准后进行。

(2)下达焊接工艺评定任务书

根据产品的技术条件编制焊接工艺评定任务书,内容包括:产品订货号、接头形式、母材牌号及规格、对接头的性能要求、检验项目及合格标准。

(3)编制焊接工艺规程设计书

按照焊接工艺评定任务书提出的条件和技术要求编制焊接工艺规程设计书。在设计书中原则上只要求填写焊接工艺的所有重要参数,次要参数是否列入可以由编制者自行决定。

(4)编制焊接工艺评定试验计划

焊接工艺评定试验计划应该包括为完成所列工艺评定试验的全部工作,包括试板备料、坡口加工、试板组焊、焊后热处理、无损探伤、理化检验等工作的进度、负责单位、协作单位及分工要求等。

(5)焊接评定试板

试板的焊接应由考核合格的焊工按照焊接工艺规程设计书规定的各项工艺参数完成。焊接过程中应实时监控重要焊接工艺参数的变化,包括焊后热处理工艺数据。

(6)评定试板检验

焊后试板要进行无损探伤和性能检验。无损探伤根据焊接接头形式、材料、焊接方法及接头力学性能要求选择。对不同形式或不同焊法得到的接头进行不同的性能检验。

①开坡口对接接头。进行接头的拉伸、弯曲、冲击等试验。

②T形接头。进行宏观检验。

③耐蚀堆焊层。进行表面着色探伤、弯曲试验、堆焊层的化学成分分析。

④耐磨堆焊层。进行表面着色探伤、硬度测定、堆焊层接头横剖面宏观金相检验、堆焊层化学成分分析。

⑤电阻焊接头。进行横剖面宏观金相检验、剪切试验和剥离试验。

2. 焊接工艺评定的实验项目

以开坡口对接接头为例,力学性能试验项目包括接头的拉伸、弯曲、冲击等试验。依据的国家标准分别是 GB 2650—89《焊接接头的冲击实验方法》,GB/T 2651—2008《焊接接头的拉伸实验方法》,GB/T 2653—2008《焊接接头的弯曲及压扁实验方法》。

按照规定,冲击试样取样部位可以是焊缝或热影响区,缺口轴线垂直于试板半面;拉伸试验可选择焊缝横向拉伸和纵向拉伸;弯曲试验可选择横向面弯、横向背弯、横向侧弯和纵弯。图 1.30 是对接接头力学性能试验取样方法。

图 1.30 开坡口对接接头力学性能试验取样方法

(1)拉伸试验

拉伸试样规格和尺寸如图 1.31 所示。图中 l 是夹持长度,根据试验机夹具确定,b 是焊缝最大宽度。拉伸试验在万能试验机上进行。试验前应准确测量焊缝截面积和标距长度。试验中应连续加载,直至拉断。

拉伸试验的合格标准:

①对于同种材料的焊接接头,试样的抗拉强度不应低于母材标准抗拉强度值。

②对于异种材料的接头,试样的抗拉强度不应低于强度较低的母材标准抗拉强度值。

③如果试样在焊缝及其热影响区以外的母材处断裂,且试样抗拉强度低于母材标准抗拉强度值不超过5%,则视为合格。

(2)弯曲试验

弯曲试样规格和尺寸如图 1.32 所示。图中 L 是试样长度,$L = 150 \sim 160$ mm,δ 是试样厚度。根据需要可以进行横向弯曲和纵向弯曲试验。横向弯曲试验是指弯曲时试样的焊缝轴线垂直于拉应力方向,纵向弯曲则是焊缝轴线平行于拉应力方向。横向弯曲和纵向弯曲还有面弯、背弯和侧弯三种。面弯是指焊缝正面受拉,背弯是焊缝背面受拉,侧弯则是焊缝侧面受拉。

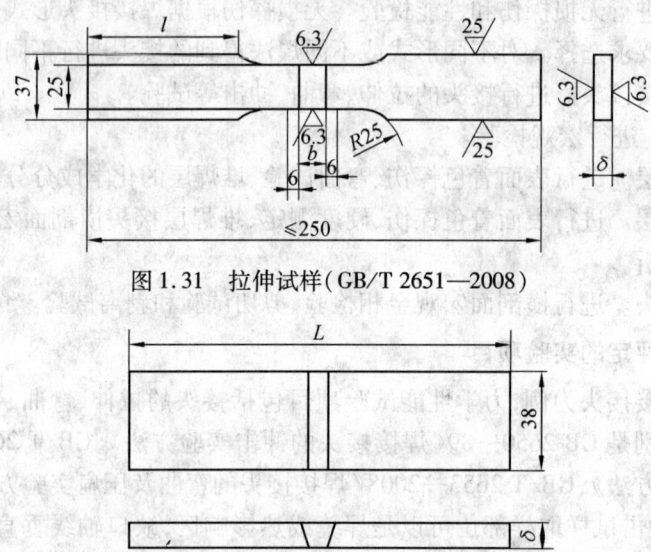

图 1.31　拉伸试样(GB/T 2651—2008)

图 1.32　弯曲试样(GB/T 2653—2008)

图 1.33 是弯曲试验示意图。图中的 δ 是试样厚度,D_1、D_2 分别是压头直径和支座直径,L 是支座跨距。按照我国现行工艺评定标准的有关规定,$D_1 = 3\delta$,$L = 5.2\delta$。弯曲试验的程序按照 GB/T 2653—2008《焊接接头的弯曲及压扁实验方法》的规定进行。试样横向弯曲时,应将焊缝轴线对准压头轴线。

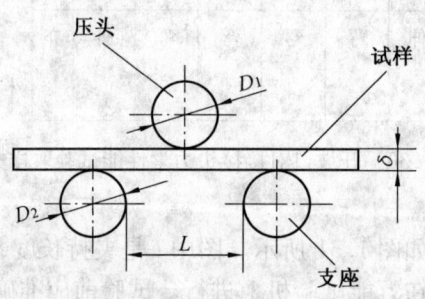

图 1.33　弯曲试验示意图(GB/T 2653—2008)

弯曲试验的合格标准:

①对接接头试样,弯曲角达到 180°时,受拉面不出现裂纹或裂纹总长度不大于 3 mm。

②堆焊层试样,弯曲角达到 180°时,堆焊层内不出现裂纹或裂纹总长度不大于 1.5 mm,在接合面上不出现缺陷或缺陷总长度不超多 3 mm。

(3)冲击试验

冲击试样取样部位如图 1.34 所示。图中 t 为冲击试样取样部位距试板上表面的距离。当板厚在 13～60 mm 时，t 为 1～2 mm。按照 GB 2650—89《焊接接头的冲击实验方法》的规定，焊缝、热影响区冲击试样均取样 3 个。冲击试样为标准规格和尺寸。

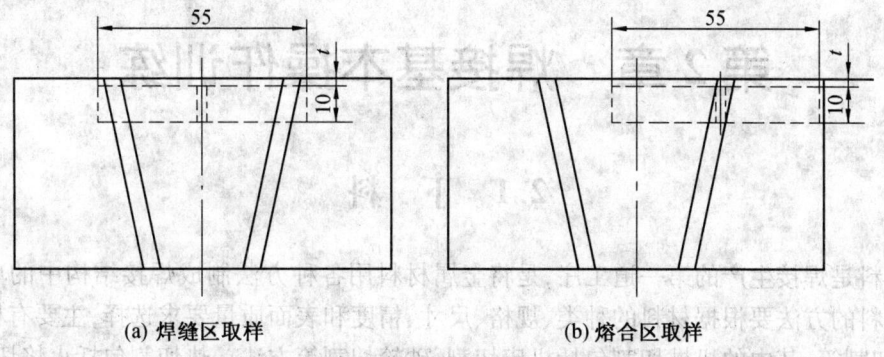

(a) 焊缝区取样　　　　　　　　　　(b) 熔合区取样

图 1.34　冲击试样取样部位（GB 2650—89）

冲击试验合格标准：焊缝、热影响区试样冲击吸收功平均值不低于母材标准规定值，可以允许其中一个试样的吸收功低于标准值，但不能低于标准值的 70%。

第2章 焊接基本操作训练

2.1 下 料

下料是焊接生产的第一道工序,是将金属材料用各种方法制成焊接结构中的单个零件。下料的方法要根据材料的种类、规格、尺寸、精度和表面质量要求选择,主要有机械切割、热切割等,其中的机械切割包括机床切割、砂轮切割等方法。热切割包括火焰切割、等离子弧切割等。

2.1.1 机床切割

板材在进行直线下料时可以选用剪板机进行剪切,用到的设备是剪板机。

1. 剪板机剪裁

(1)剪板机

按照结构和传动形式划分,剪板机可分为液压传动和机械传动。按上刀片对下刀片的位置不同可分为平刃剪切和斜刃剪切。平刃剪切时,板料与上下刃口全长同时接触,剪切力大,消耗功率大,振动也大。但是剪切质量较好,剪切的板料比较平直,无扭曲变形。平刃剪切剪板机的传动方式多为机械传动,多用于小型剪板机和薄板下料。斜刃剪切是采用渐入剪切的方式,故瞬间剪切尺寸小于板料宽度。斜刃剪切质量不如平刃剪切,有扭曲变形。但是剪切力和能量消耗比平刃剪切要小,故在大、中型剪板机中采用。

图2.1是一种液压剪板机。液压剪板机的结构及工作原理是:上刀片固定在刀架上,下刀片固定在下床面上,床面上安装有托架和托辊,以便于板料的送进移动,后挡料板用于板料定位,位置由丝杠进行调节。液压压料筒用于压紧板料,以防止板料在剪切时翻转、错移。板料放在托架和托辊上送到刀片之间,用挡料板定位。开动机器,压料筒将板材压紧,上刀片向下

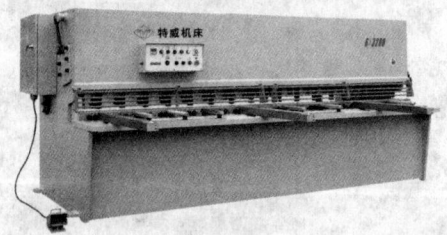

图2.1 液压剪板机

滑动完成剪切。剪板机的技术参数主要有最大剪切厚度、最大剪切板宽。平刃剪切机最大剪切厚度不超过10 mm,斜刃剪切机最大剪切厚度不超过30 mm。最大剪切板宽可达4 000 mm。

(2)剪板操作步骤

①调整间隙:根据被剪材料的性质和厚度调整上下刀片的间隙;

②对尺:根据剪切宽度调整挡料板位置;

③上料:板材置于托架上,通过滚轮移动,将边缘靠紧挡料板;
④剪切:人手远离压料筒,启动开关,完成剪切。

2. 锯床切割

锯床用于切割圆钢、管材、角钢、槽钢、工字钢等钢材。

(1)锯床

锯床是用圆锯片、锯条、带锯片切割金属的机床。图2.2是两种带锯床,图2.3是圆锯床。锯床适合切割钢铁、有色金属的棒材、管材及其他型材。带锯片用碳素工具钢、合金工具钢制造,圆锯片用调质钢镶嵌硬质合金刀头。

由于有冷却液冷却,被切材料基本不会有氧化和过热。切割精度高于火焰切割和砂轮切割。但设备投入较大。

(a)　　　　　　　　　　(b)

图2.2　带锯床

图2.3　圆锯床

(2)锯床切割操作步骤

①上料:坯料置于工作台;
②对尺:根据切割长度调整挡料板;
③固定:将坯料装卡固定;
④切割。

2.1.2　砂轮切割

砂轮切割机用于切割圆钢、管材、角钢、槽钢、工字钢等钢材。

1. 砂轮切割机

砂轮切割机的构造如图 2.4 所示,主要由机座、支架、主轴、电动机、传动副、砂轮片、加载手柄、装卡机构、挡料板、控制开关、防护罩等组成。切割用的砂轮片多为白刚玉(Al_2O_3)颗粒用树脂做粘结剂压制而成,最大厚度一般为 3 mm,最大外径可达 405 mm。金属线材、型材等固定在装卡机构上,启动电源开关,加载手柄向下,将砂轮片对准材料缓慢施加压力进行切割。

图 2.4 砂轮切割机
1—砂轮片;2—手柄;3—电源开关;4—装卡机构

2. 砂轮切割操作安全规程

(1)坯料必须装卡牢固;
(2)先按动电源开关,再下压手柄,防止夹锯;
(3)手柄下压要轻缓,不可用力过猛;
(4)砂轮机正面不可对人。

2.1.3 火焰切割

火焰切割又叫气割,是用燃气与氧气混合燃烧产生的热量将金属材料加热燃烧,用高压氧气将燃烧产物吹走完成切割的方法。只有低碳钢能够满足燃点低于熔点的基本要求,采用火焰切割的方法进行切割。火焰切割可以切割板材、棒材、型材,最大切割厚度达 300 mm。

1. 火焰切割设备

火焰切割设备由割炬、气瓶、减压器、气体软管等组成。

(1)割炬

按照结构和工作原理不同,割炬有射吸式和等压式两种。射吸式割炬如图 2.5 所示。燃气需要氧气的"射吸"作用带出,与氧气在射吸管内混合,在割嘴出口处点火燃烧。等压式割炬如图 2.6 所示。燃气以较高的压力进入割嘴,无需氧气的射吸作用。基于工作原理的不同,射吸式割炬回火的倾向更大一些,适合手工切割;等压式割炬回火的倾向小很多,适合自动、半自动切割。

国产射吸式割炬的型号标注方法为 G01-X。其中 G 为割炬的汉语拼音字头;01 表示射吸式割炬(相对应的是 02 表示等压式割炬);X 有 30、100 和 300 等三种,分别表示最大切割厚度为 30 mm,100 mm 和 300 mm。

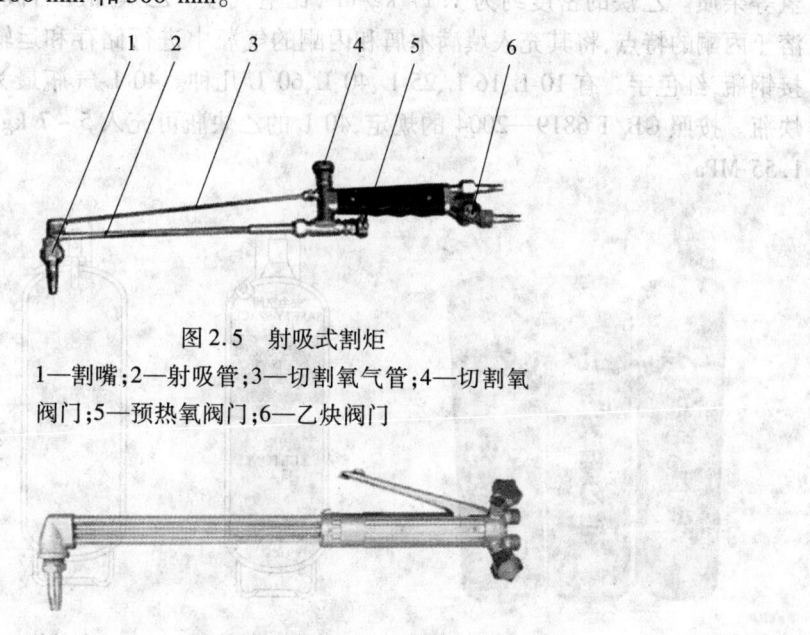

图 2.5 射吸式割炬
1—割嘴;2—射吸管;3—切割氧气管;4—切割氧阀门;5—预热氧阀门;6—乙炔阀门

图 2.6 等压式割炬

G30 和 G100 割炬的割嘴有 3 种型号,G300 割炬的割嘴有 4 种型号。割嘴越大,能率越高,预热越快。割嘴的中间是高压氧气出口,为圆形,外围为预热气体出口,预热气体出口有环形和梅花形两种。图 2.7 是国产两种规格的割嘴。环形割嘴火焰形状均匀,但热量不够集中,预热慢,适合厚板切割;梅花形割嘴火焰没有环形割嘴均匀,但热量较为集中,适合薄板切割。

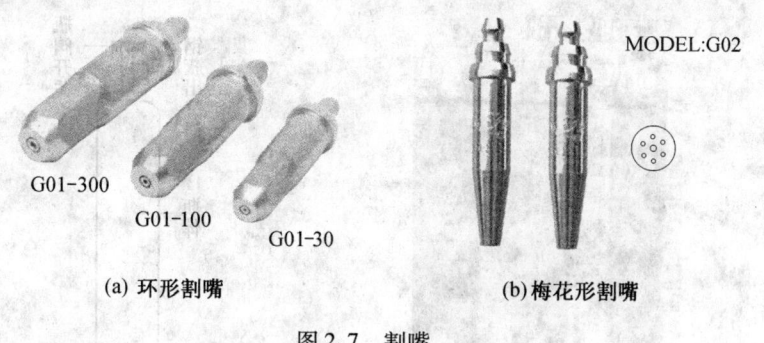

(a) 环形割嘴　　(b) 梅花形割嘴

图 2.7 割嘴

(2)气体和气瓶

①燃气

用于切割的燃气有乙炔(C_2H_2)、天然气(CH_4)和液化石油气(C_3H_8)等。乙炔的燃烧热约为 1 302 kJ/mol,火焰最高温度约为 3 300 ℃;天然气的燃烧热约为 890 kJ/mol,火焰最高温度约为 2 540 ℃;液化石油气燃烧热约为 222 kJ/mol,火焰最高温度约为 2 520 ℃。因为氧-乙炔火焰热值高、温度高,所以在生产中应用最广。

乙炔是无色无味的气体,实际实用中的乙炔有特殊的臭味是因为其中有硫化氢、磷化氢等杂质。乙炔的密度约为 1.17 kg/m³,比空气轻。乙炔加压后极易发生爆炸,利用其溶于丙酮的特点,将其充入填满木屑和丙酮的气瓶中进行储存和运输。乙炔瓶为白色焊接钢瓶,红色字。有 10 L、16 L、25 L、40 L、60 L 几种。40 L 气瓶最为常用。图 2.8 为乙炔瓶。按照 GB/T 6819—2004 的规定,40 L 的乙炔瓶可充入 5~7 kg 的乙炔,满瓶压力为 1.55 MPa。

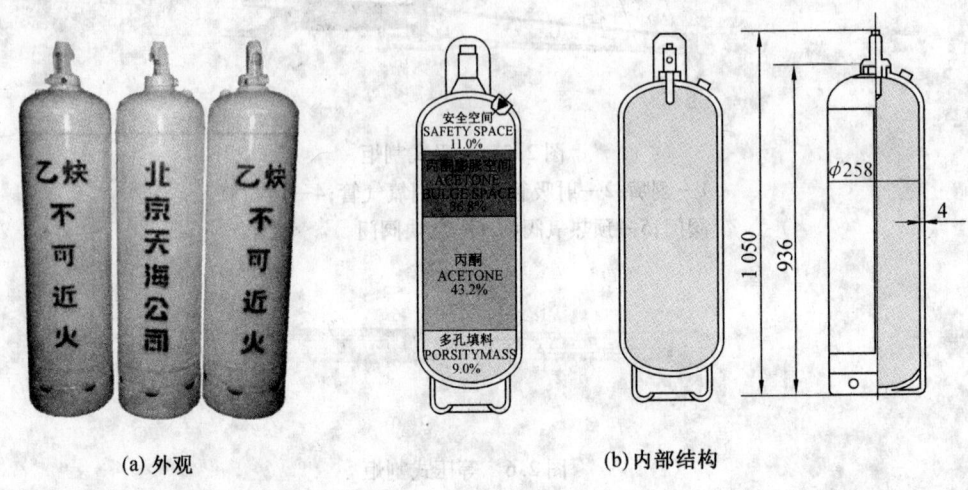

(a) 外观　　　　　　(b) 内部结构

图 2.8　乙炔瓶

②氧气

氧气为无色无味气体,密度约为 1.43 kg/m³,比空气重。氧气瓶为天蓝色挤压钢瓶,黑色字。瓶外套有两个防撞胶圈。容积有 33 L、40 L、44 L 等。图 2.9 是 40 L 氧气瓶。氧气瓶搬运过程中严禁碰撞。要防止暴晒,瓶阀结冰不能用火烤,要用热水解冻。

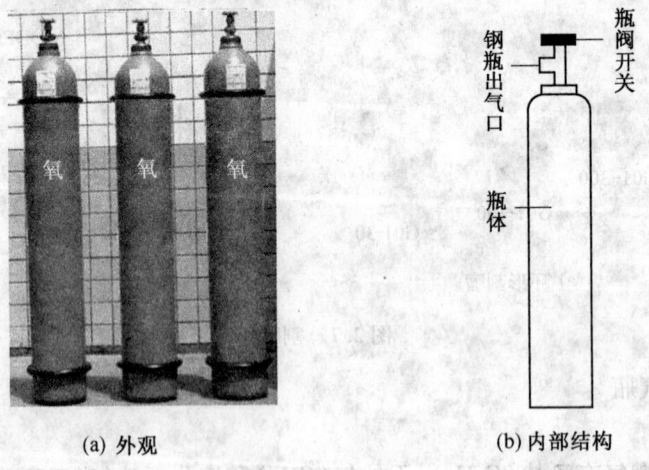

(a) 外观　　　　(b) 内部结构

图 2.9　氧气瓶

（3）减压器

减压器的作用是将瓶内高压气体进行减压后输出，便于使用。单级弹簧式减压器是最常用的一种。图2.10、图2.11分别是氧气减压器和乙炔减压器。两种减压器的工作原理相同，量程和外形有所不同。乙炔减压器带有固定环，目的是保证连接紧固，避免乙炔泄漏。

图2.10 氧气减压器　　　　　图2.11 乙炔减压器

图2.12是减压器的内部结构。高压气源压力作用在活门上。通过调整螺钉推动调压弹簧和活门顶杆控制活门的启闭。当调压弹簧位置一定时，减压活门的开启就受气源压力的影响：气压高则开启小，反之则开启大，保证低压室气压恒定。

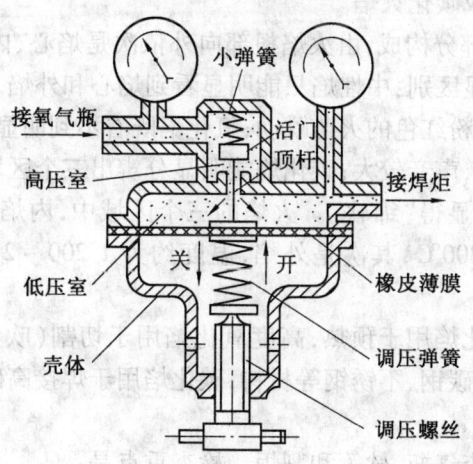

图2.12 减压器内部结构

（4）气体软管

图2.13为气体软管。氧气软管和乙炔软管的技术条件要分别符合 GB/T 2550—1992 和 GB/T 2551—1992 的规定。软管需要由内胶层、增强层和外胶层构成。

表2.1是氧气软管和乙炔软管的技术规格。

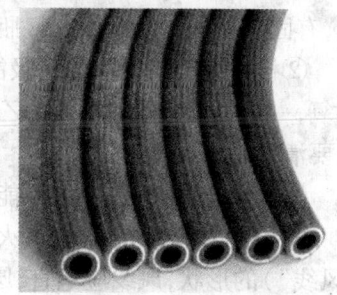

图2.13 气体软管

表 2.1 气体软管技术规格

	公称内径/mm	工作压力/MPa	试验压力/MPa	最小爆破压力/MPa
氧气软管 (GB/T 2550—1992)	6.3,8.0,10.0,12.5	2.0	4.0	6.0
乙炔软管 (GB/T 2551—1992)	6.3,8.0,10.0	0.3	0.6	0.9

2. 火焰切割操作技术

(1)氧-乙炔火焰

乙炔在氧气助燃下完全燃烧的反应方程为

$$2C_2H_2 + 5O_2 \longrightarrow 4CO_2 + 2H_2O + 1\ 302\ kJ/mol \tag{2.1}$$

由式可见,乙炔与氧气的比例达到1:2.5时,燃烧反应最充分。但在实际生产中,由于空气中含有氧气,乙炔与氧气的比值达到1:1.1时,燃烧反应就可以充分进行,火焰气氛中没有多余的氧,也没有多余的乙炔,形成中性火焰。当氧气与乙炔的比值达到1.2~1.7时,火焰气氛中有多余的氧,形成氧化性火焰;当氧气与乙炔的比值小于0.9时,火焰气氛中有多余的碳,形成碳化火焰。

氧-乙炔火焰由三部分构成,由火焰根部向外依次是焰心、内焰和外焰。三种不同的火焰中,三个区域有明显区别:中性焰只能明显看到焰心和外焰,内焰没有明显的轮廓,只是在焰心和外焰之间有粉红色的火苗跳动;氧化焰既看不到明显的内焰,又看不到跳动的火苗,焰心短,外焰挺直,声音较大;碳化焰能明显分辨出三个区域,焰心长而明亮,内焰略暗,外焰发散,整个火焰显得"绵软"。火焰的三个区域中,内焰温度最高,焰心前端3~5 mm处可达3 100~3 300 ℃,其次是外焰,温度约为1 200~2 700 ℃,而焰心温度约为900 ℃。

在切割中,轻度氧化焰用于预热,高度氧化焰用于切割(吹走燃烧产物)。中性焰在火焰焊接中用于焊接低碳钢、不锈钢等材料;碳化焰用于焊接高碳钢、铸铁等。

(2)设备检查

气割前,要仔细检查气瓶、软管和割炬。检查重点是:

①氧气瓶、乙炔瓶之间的距离大于5 m,两气瓶均距离明火10 m以上。气瓶竖直放置,有固定托架以防倾倒。气瓶与减压器紧固连接,没有泄漏。

②检查射吸式割炬的射吸能力:接好氧气管,断开乙炔管。将氧气瓶阀和减压器打开供氧,一只手拇指堵住割炬的乙炔进口,打开氧气阀,若有明显吸力,则证明射吸正常,否则要清理割嘴再重新试验。

③检查软管两端接头,不能有气体泄漏。软管不能打结、弯折。

④检查火焰燃烧情况:点火,调整成中性火焰,打开切割氧阀门,观察切割氧流(俗称"风线")的形状,风线应笔直,圆周方向分布均匀。若风线不规则,应依次关闭切割氧、乙炔和预热氧。检查割嘴是否有积碳,进而用通针清理。

(3)基本操作要领

①手动切割

第一步,材料的准备:火焰通过切口后不能受到阻挡,以使氧化产物顺利吹走。需要将被切材料与地面、墙面或其他物体间隔 50 mm 以上距离。材料表面不能有过多的污物,特别是废钢表面不能有过多的泥土。第二步,点火与调整:先打开氧气阀门,使少量氧气流出,以能够听见微弱的嘶嘶声为标志。再打开乙炔,在割嘴处点火。注意:不要将手正对割嘴,以免烧伤。调整氧气和乙炔阀门,使火焰达到中性或弱氧化性火焰。第三步,预热与切割:将火焰中心对准材料边缘,火焰轴线与材料表面垂直,即火焰的一半搭在边缘上,材料表面处于焰心前端的 3~5 mm。待边缘出现火花后,打开切割氧阀门,如果有火花从材料背面飞出证明已经割透,此时应沿着割线匀速移动割炬进行切割。第四步,熄火:切割完毕,先关闭切割氧阀门,再关闭乙炔阀门,最后关闭预热氧阀门。

②自动切割

自动切割是将等压式割炬安装在自动切割机上进行切割的方法。自动切割适合板材的批量下料,不适合废钢的切割。最先进的自动切割机可以通过计算机程序控制割炬的移动,完成直线、曲线、复杂平面形状的切割。切割的步骤与手动切割基本相同,只是再点火前要设定程序。

2.2 焊条电弧焊

焊条电弧焊是利用电弧加热熔化焊条和被焊金属而形成熔池,随之冷凝获得焊缝的一种电弧焊方法。这种方法适用于焊接碳钢、低合金钢、不锈钢、异种金属材料、铸铁补焊以及各种金属材料的堆焊等。焊条运动靠手工操作,方便灵活、设备简单、适应性强,对操作者有一定的技术要求,操作者劳动强度大,生产效率低,产品质量受操作者技术水平及工作态度影响较大。焊条电弧焊基本操作技术主要包括引弧、运条、焊缝收尾和焊缝衔接的方法。

2.2.1 引 弧

电弧焊开始时,引燃焊接电弧的过程叫引弧。焊条电弧焊的引弧方法为,先使焊条末端与工件短路,再拉开焊条引燃电弧。引弧操作手法有两种,直击法和划擦法。

1. 直击法引弧

如图 2.14 所示,直击法引弧是使焊条与焊件表面垂直地接触,当焊条的末端与焊件表面轻轻一碰,便迅速提起焊条,并保持一定距离,立即引燃了电弧。操作时应掌握好手腕的上下动作时间和距离。

2. 划擦法引弧

如图 2.15 所示,划擦法引弧与擦火柴相似,先将焊条末端对准焊件,然后将焊条在焊件表面划擦一下,当电弧引燃后,趁金属还没有开始大量熔化的瞬间,立即使焊条末端与被焊件表面的距离维持在 2~4 mm,电弧就能稳定地燃烧。操作时手腕顺时针方向旋转,使焊条端头与焊件接触后再离开。

两种方法中划擦法较容易掌握，但在焊件表面容易造成电弧擦伤，要求在焊缝前方坡口内引弧。碱性焊条一般用划擦法引弧，可以防止产生气孔，引燃电弧应立即压低电弧。酸性焊条采取直击法划擦法引弧都可以。

引弧时，手腕动作必须灵活和准确，要选择好引弧起始点的位置。如果发生焊条和焊件粘在一起时，只要将焊条左右摇动几下，就可以脱离焊件，如果这时还不能脱离焊件，就应立即将焊钳放松，使焊接回路断开，待焊条稍冷后再拆下。

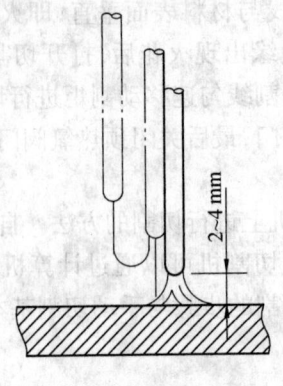 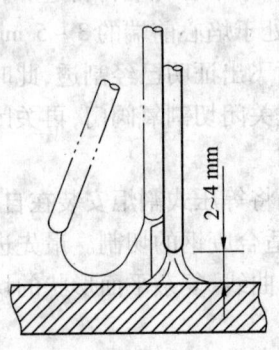

图 2.14　直击法引弧图　　　图 2.15　划擦法引弧图

2.2.2　运　条

焊接过程中，焊条相对焊缝所做的各种动作的总称叫运条。手弧焊运条的基本动作包括沿焊条轴线的送进、沿焊缝轴线方向纵向移动和横向摆动，如图 2.16 所示。

焊条沿轴线向熔池方向送进，应使焊条熔化后继续保持电弧长度不变，防止电弧的长度增加而导致断弧或电弧长度迅速缩短造成焊条末端与焊件发生短路。较长的电弧对熔滴、熔池保护效果不好，容易产生气孔，同时飞溅也较大。焊接时，尽量用短弧焊接，采用短弧施焊的电弧长度应等于焊芯直径的 0.5～1 倍。如采用 ϕ3.2 mm 直径焊条施焊时，对应的焊弧电压是 22～26 V。

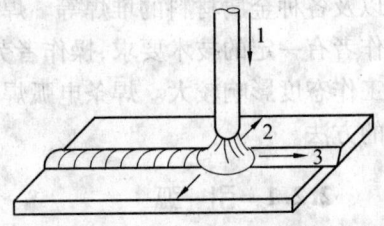

图 2.16　运条的基本动作
1—焊条送进；2—焊条摆动；3—沿焊缝移动

焊条沿焊接方向纵向移动时，如果速度太快，容易产生未焊透或焊缝较窄；太慢，会造成焊缝过高、过宽、外形不整齐，焊较薄焊件时容易焊穿。

焊条的横向摆动应保证焊缝两侧熔合良好，摆动幅度根据焊缝宽度和焊条直径决定。焊缝宽度应控制在焊条直径的 2～5 倍。横向摆动力求均匀一致，焊缝宽度整齐。

尽管运条的基本动作只有三个，但运条的方法很多，在选用运条方法时应根据接头形式、装配间隙、焊缝空间位置、焊条直径和性能、焊接电流和焊工操作技能水平等因素而定。常用运条方法及适用范围参见表 2.2。

表 2.2 常用的运条方法及适用范围

运条方法		运条示意图	适用范围
直线形运条法		 →	①3~5 mm 厚度 I 形坡口对接平焊 ②多层焊的第一层焊道 ③多层多道焊
直线往返形运条法		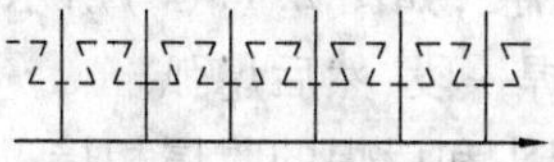 ∽∽∽∽∽∽	①薄板焊 ②对接平焊(间隙较大)
锯齿形运条法		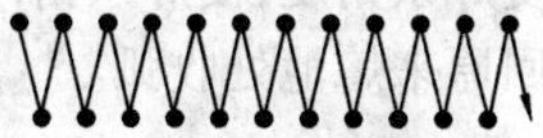 ∧∧∧∧∧∧	①对接接头(平焊、立焊、横焊、仰焊) ②角接接头(立焊)
月牙形运条法		)))))))	同锯齿形运条法
三角形运条法	斜三角形	 ∧∧∧∧	①角接接头(仰焊) ②对接接头(V 形坡口横焊)
	正三角形	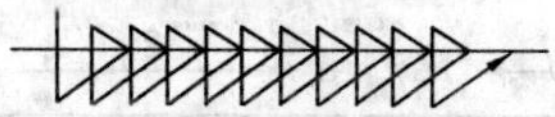 ▷▷▷▷	①角接接头(立焊) ②对接接头
圆圈形运条法	斜圆圈形	 ⌒⌒⌒⌒	①角接接头(平焊,仰焊) ②对接接头(横焊)
	正圆圈形	 ○○○○	对接接头(厚焊件平焊)
八字形运条法		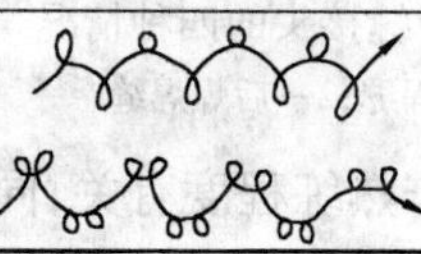 ∽∽∽	对接接头(厚焊件平焊)

2.2.3 焊缝衔接

焊条电弧焊时,由于受到焊条长度的限制或焊接位置的限制,每根焊条焊完换焊条时,焊缝就有一个衔接点。焊缝衔接处如果操作不当,极易造成气孔、夹渣以及外形不良等缺陷。后焊焊缝与先焊焊缝的连接处称为焊缝的接头,接头处的焊缝应力求均匀,防止产生过高、脱节、宽窄不一致等缺陷。常用焊缝的接头有中间接头法、相背接头法、相向接头法和分段退焊接头法。

①中间接头法是后焊的焊缝从先焊的焊缝尾部开始焊接,如图 2.17(a)所示。要求在弧坑前 10 mm 处引弧,电弧长度比正常施焊略长些,然后回移到弧坑,压低电弧,稍作

摆动,再向前焊接。它适用于单层焊及多层焊的表层接头。打底层焊接采用中间焊缝接头法时,也可在弧坑后引弧,电弧移到弧坑处,压低电弧正常施焊。

②相背接头法是两焊缝的起头相接,如图2.17(b)所示。先焊焊缝的起头略低些,后焊的焊缝必须在前条焊缝始端稍前处引弧、然后稍拉长电弧并逐渐引向前条焊缝的始端,待覆盖前焊缝的端头并焊平后,再向焊接方向移动。

③相向接头法是两条焊缝的收尾相接,如图2.17(c)所示。当后焊的焊缝焊到先焊的焊缝收弧处时,填满弧坑后再略向前焊一段,然后熄弧。

④分段退焊接头法是先焊焊缝的起头和后焊的收尾相接,如图2.4(d)所示。要求后焊的焊缝至靠近先焊焊缝始端时,改变焊条角度,使焊条指向前焊缝的始端,拉长电弧,形成熔池后,再压低电弧,往回移动,返回原来熔池处收弧。

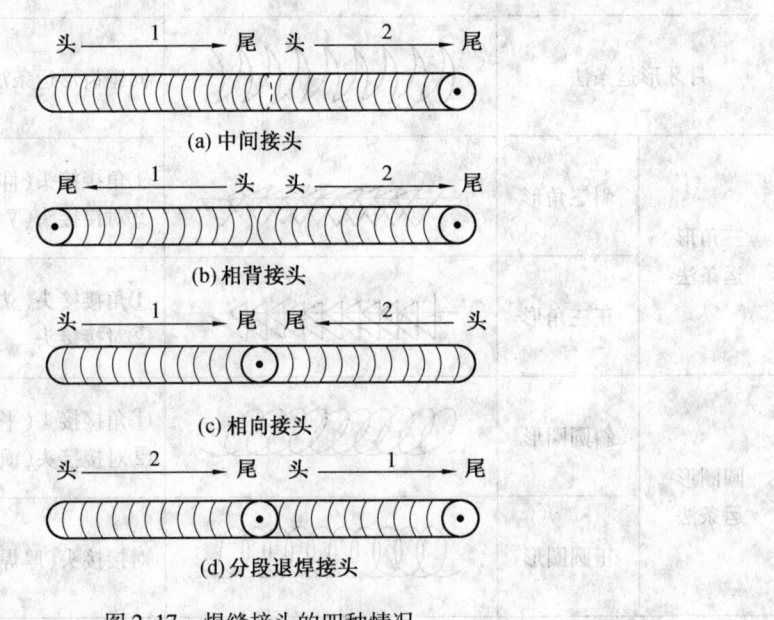

图2.17 焊缝接头的四种情况
1—先焊焊缝;2—后焊焊缝

焊缝接头连接的平整与否和焊工操作熟练程度有关,同时还和接头处温度高低有关,温度越高,连接得越平整。因此,中间接头要求电弧中断时间要短,换焊条动作要快。除单层焊及多层焊的表层焊缝接头可不清理熔渣外,相背接头、相向接头及打底焊缝的接头在焊接前,必须先将需接头处的焊渣清掉。必要时为保证焊缝接头质量可使用砂轮机或其他机械加工方法将需接头处先打磨成缓坡斜面,然后再进行焊缝接头。

2.2.4 焊缝的收尾

焊缝的收尾是指一条焊缝焊完后如何收弧。手工电弧焊焊缝的收尾可采用反复断弧收尾法、连续焊收尾法和转移收尾法。

①反复断弧收尾法是焊条移动到焊缝终点弧坑时,反复熄弧和引弧数次,直到填满弧坑为止。多用于酸性焊条进行薄板焊接和焊接电流较大时的焊缝收尾。

②连续焊收尾法是在焊缝收尾处将电弧在弧坑稍作停留,待弧坑填满后再慢慢拉长电弧熄灭。焊条也可以在弧坑处做圆圈运动,直到填满弧坑,然后再熄弧。

③转移收尾法是在更换焊条或临时停弧时,在弧坑处稍做停留,再将电弧缓慢拉向焊接反方向 10~15 mm 坡口面一侧,并使电弧逐渐拉长熄灭。这种方法可防止打底焊时产生缩孔。

2.2.5 手工电弧焊单面焊双面成形操作技术

单面焊双面成形操作技术是采用普通焊条,以特殊的操作方法,在坡口背面没有任何辅助措施的条件下,在坡口的正面进行焊接,焊后保证坡口的正、反两面都能得到均匀整齐、成形良好、符合质量要求的焊缝的焊接操作方法。它是手工电弧焊中难度较大的一种操作技术,适用于无法从背面清除焊根或无法从背面进行焊接的重要焊件。

1. 单面焊双面成形的焊接形式和焊接特点

适用于手工电弧焊单面焊双面成形的接头形式主要有板状对接接头(图 2.18(a))、管状对接接头(图 2.18(b))、骑座式管板接头(图 2.18(c))。按焊缝位置不同可进行平焊、立焊、横焊和仰焊等位置焊接。

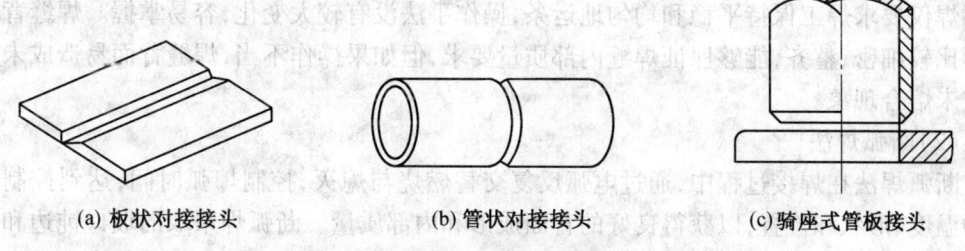

(a) 板状对接接头　　　　(b) 管状对接接头　　　　(c) 骑座式管板接头

图 2.18　单面焊双面成形的基本接头

手工电弧焊单面焊双面成形焊接方法一般用于 V 形坡口对接焊,适用于容器壳体板状对接焊,小直径容器环缝及管道对接焊,容器接管的管板焊接。

单面焊双面成形在焊接方法上与一般的平、立、横、仰焊有所不同,但要求基本一致,焊缝内不应出现气孔、夹渣、根部应均匀焊透,背面不应有焊瘤和凹陷。

进行单面焊双面成形焊接时,第一层打底焊道焊接是操作的关键,在电弧高温和吹力作用下,坡口根部部分金属被熔化形成金属熔池,在熔池前沿会产生一个略大于坡口装配间隙的孔洞,称为熔孔,如图 2.19 所示,焊条药皮熔化时所形成的熔渣和气体可以通过熔孔对焊缝背面有效保护。工件背面焊道的质量由熔孔尺寸大小、形状、移动均匀程度决定。

控制熔孔尺寸大小可以通过改变焊接电流大小、运条方法、调整焊条与焊件间的夹角(焊条倾角)等方式,其中调整焊条倾角来控制熔孔尺寸比较方便。例如,中厚板板状试件平焊位置的打底焊,当熔孔尺寸增大时,应减小焊条与焊件间夹角,稍加快焊接速度和摆动频率;当熔孔尺寸减小时,应加大焊条倾角,减慢焊接速度和摆动频率。掌握用改变焊接速度、摆动频率和焊条角度的办法来改善熔池状况,这正是手工电弧焊的优点。

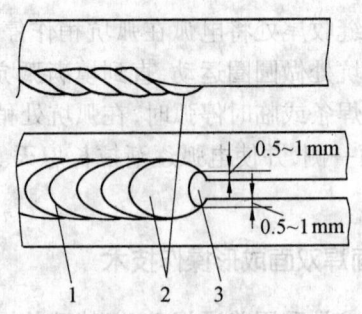

图 2.19 熔孔位置及大小
1—焊缝;2—熔池;3—熔孔

2. 单面焊双面成形的连弧焊法和断弧焊法

单面焊双面成形,第一层打底焊时的运条操作手法可分为连弧焊法(连续施焊法)和断弧焊法(间断灭弧施焊法)两种。

(1)连弧焊法

连弧焊法在焊接过程中电弧连续燃烧,不熄灭;采取较窄的坡口间隙和较小的钝边;选用较小的焊接电流;小幅度锯齿形横向摆动,坡口两侧稍停留;始终保持短弧连续施焊。连弧焊仅要求焊工保持平稳和均匀地运条,操作手法没有较大变化,容易掌握。焊缝背面成形比较细密、整齐,能够保证焊缝内部质量要求,但如果操作不当,焊缝背面易造成未焊透或未熔合现象。

(2)断弧焊法

断弧焊法在焊接过程中,通过电弧反复交替燃烧与熄灭,控制熄弧时间,达到控制熔池的温度、形状和位置,以获得良好的背面成形和内部质量。断弧焊采取的坡口钝边和装配间隙比连弧焊稍大,选用的焊接电流范围也较宽,使电弧具有足够的穿透能力。在进行薄板、小直径管焊接和实际产品装配间隙变化较大的条件下,采用断弧焊法施焊更显得灵活和适用。由于断弧焊操作手法变化较大,掌握起来有一定难度,要求焊工具有较熟练的操作技术。

用断弧焊法进行打底焊时,为获得良好的内在质量和背面焊缝成形,主要应控制好断弧时的熄弧时间、再引燃电弧的位置和运条方法。

①熄弧时间的控制

控制熄弧时间可以通过护目玻璃观察熔池形状和颜色判断。如图 2.20 所示,熄弧后,金属熔池向中间冷却凝固,颜色由白亮变暗,在熔池与凝固金属之间可见到围绕熔池的白亮色交线。随着冷却,熔池尺寸缩小,当熔池区尺寸缩小到大约等于焊芯直径,呈亮黄色时,再引燃电弧。

②再引燃电弧的位置

再引燃电弧位置是在距未凝固熔池边缘约 1~2 mm 处,如图 2.21 所示。使弧柱的 1/3 击穿根部形成新的熔孔。如果装配隙较小,坡口钝边较厚时,再引燃电弧位置应在未凝固熔池的边缘,便弧柱的 1/2 透过背面,保证焊透。

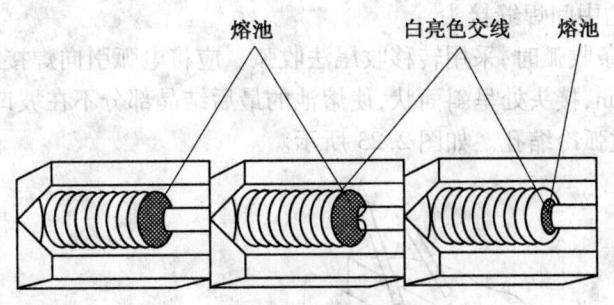

图 2.20 熄弧时间控制

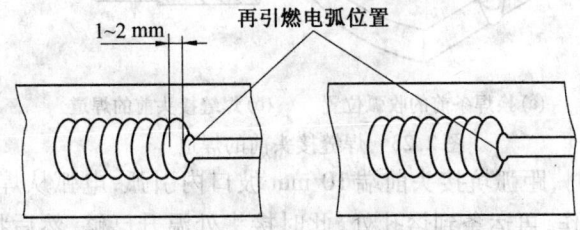

图 2.21 未凝固熔池前端的电弧再引燃

③常用断弧焊打底焊的运条方法

常用断弧焊打底焊的运条方法有一点平移击穿法、两点击穿法和一点击穿法三种,分别如图 2.22(a)、图 2.22(b) 和图 2.22(c) 所示。

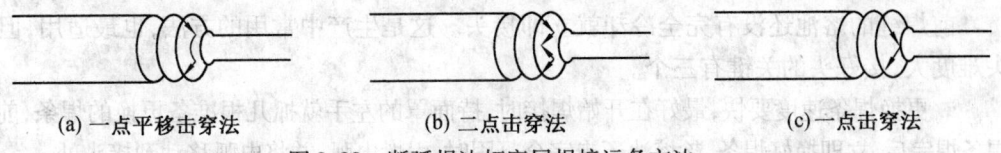

(a) 一点平移击穿法　　　　(b) 二点击穿法　　　　(c) 一点击穿法

图 2.22 断弧焊法打底层焊接运条方法

a. 一点平移击穿法

正常焊接时,熔池建立后将电弧熄灭,熔池温度下降,在护目玻璃下观察呈亮黄色时,立即在熔池左侧或右侧坡口根部重新引燃电弧,稍作停留,将焊根击穿形成熔孔后,电弧向另一侧焊根平移,在另侧稍作停顿,熔孔出现后,向斜后方提起焊条熄弧。熄弧后,在原引弧侧重新引燃电弧,击穿焊根形成熔孔,电弧向焊根另侧平移,稍停顿,出现熔孔后再熄弧。周而复始,重复运条动作施焊。

b. 两点击穿法

正常焊接时,建立起熔池后,将电弧熄灭。在护目玻璃下观察,熔池呈亮黄色时,快速在熔池偏左侧或偏右侧焊根处重新引燃电弧,稍作停留焊根被击穿形成熔孔后,立即熄弧。当这一侧熔池尚未凝固,呈亮黄色时,立即在另一侧焊根处以同样手法引弧、停顿、熄弧,重复这一操作过程进行焊接。

当装配间隙尺寸较大,坡口钝边较厚时,采用两点击穿法;一般装配间隙尺寸采用一点平移击穿法施焊比较合适;当装配间隙尺寸较小,坡口钝边较薄时,可将一点平移击穿法的平移过程改为在坡口中间装配间隙处稍作停顿,停顿处形成熔孔后,再熄弧。之后,再引弧,重复继续焊接。这种方法称为一点击穿法。

(3)打底焊时的中间焊缝接头

打底焊焊接焊条收弧时,采用转移收尾法收弧。应将电弧引向焊接反方向坡口一侧,焊条回拉10~15 mm,接头处呈斜面状,使熔池的最后结晶部分不在坡口中心,同时,要填满弧坑,避免产生收弧冷缩孔。如图2.23所示。

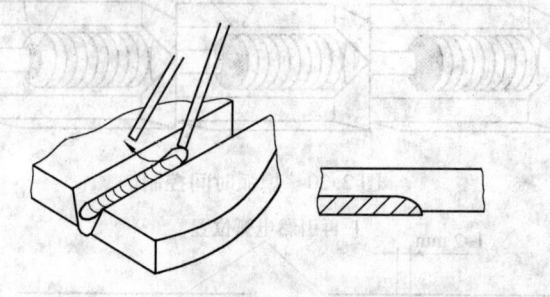

(a)换焊条前的收弧位置　　(b)焊缝接头前的焊道

图2.23　焊缝接头前的焊道

打底焊中间接头时,距弧坑接头前端10 mm坡口内引弧,电弧从焊波到弧坑稍做横向摆动,做加温预热动作,再运条到熔孔处,此时接头处温升已够,然后将电弧压向根部,保证击穿,当听到电弧在坡口背面击穿声时,接头已接上,再将电弧拉到正常焊接时的长度,进行焊接。

打底焊缝接头有热接法和冷接法两种方法。

①热接法

前焊缝的熔池还没有完全冷却就立即接头。这是生产中常用的方法,也最适用,但接头难度大,接好头的关键有三个。

a.更换焊条速度要快,最好在开始焊接时,持面罩的左手就抓几根准备更换的焊条,前根焊条焊完后,立即换好焊条,趁熔池还未完全凝固时,引燃电弧,并将电弧移动到接头处。

b.位置要准,电弧到原弧坑处,估计新熔池的后沿与原先的弧坑后沿相切时立即将焊条前移,开始连续焊接。由于原来的弧坑已被熔渣覆盖着,只能凭经验判断弧坑后沿的位置,因此必须反复练习。

c.掌握好电弧下压时间,当电弧已向前运动,焊至原弧坑的前沿时,必须下压电弧,重新击穿间隙再生成一个熔孔,待新熔孔形成后,逐渐将焊条抬起,正常继续焊接。这段时间和位置是否合适,决定焊缝背面焊道的质量。

②冷接法

施焊前,先将收弧处已冷却的弧坑打磨成缓坡形,距弧坑前端10 mm处引弧。焊条稍做横向摆动向前施焊,焊至收弧处前沿时,焊条下压并稍作停顿。当听到电弧击穿声,形成新的熔孔后,正常施焊。

2.3　气体保护电弧焊

气体保护电弧焊是一种利用氩气、二氧化碳等气体作为保护气的电弧焊方法。常用的有氩弧焊(TIG、MIG)、二氧化碳气体保护焊和混合气体保护焊(MAG)。

2.3.1 焊枪操作的基本要求

1. 焊枪开关的操作

按焊枪开关,开始送气、送丝和供电,然后引弧、焊接。焊接结束时,释放焊枪开关,随后停丝、停电和停气。

2. 喷嘴与工件间的距离

喷嘴与工件间的距离要适当,过大时保护不良、电弧不稳。喷嘴高度与气孔的关系见表2.3。可见喷嘴高度超过30 mm时,焊缝中产生气孔。喷嘴高度过小时喷嘴易产生粘附飞溅和难以观察焊缝。所以不同焊接电流,应保持合适的喷嘴高度,见表2.4。

表2.3 喷嘴高度与生成气孔的倾向

喷嘴高度/mm	气体流量/(L·min^{-1})	焊缝外部气孔	焊缝内部气孔
10		无	无
20		无	无
30	20	微量	少量
40		少量	较多
50		较多	很多

表2.4 喷嘴高度与焊接电流、气体流量的关系

焊丝直径/mm	焊接电流/A	喷嘴高度/mm	气体流量/(L·min^{-1})
φ0.8	60	8~10	10
	70	8~10	
φ1.0	70	8~10	10
	90	10~12	
	100	10~15	
φ1.2	100	10~15	15~20
	200	15	20
	300	20~25	20
φ1.6	300	20	20
	350	20	20
	400	20~25	20~25

3. 焊枪角度和指向位置

半自动二氧化碳气体保护焊时,常用左焊法,其特点是易观察焊接方向,熔池在电弧力作用下,熔化金属被吹向前方,使电弧不能直接作用到母材上,熔深较浅,焊道平坦且变宽,飞溅较大,但保护效果好。右焊法时,熔池被电弧力吹向后方,因此电弧能直接作用到母材上,熔深较大,焊道变得窄而高,飞溅略小,见表2.5。左焊法和右焊法在各种焊接接头的应用特点比较见表2.6。

表 2.5 焊枪角度

	左焊法	右焊法
焊枪角度	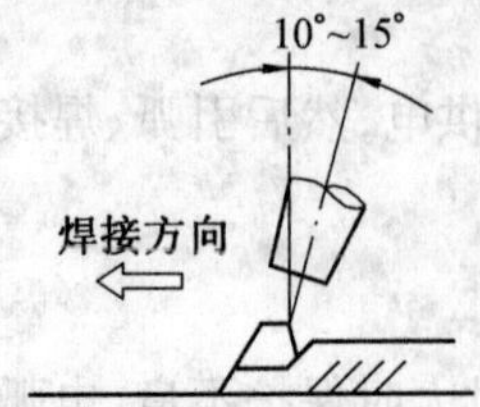 10°~15°，焊接方向	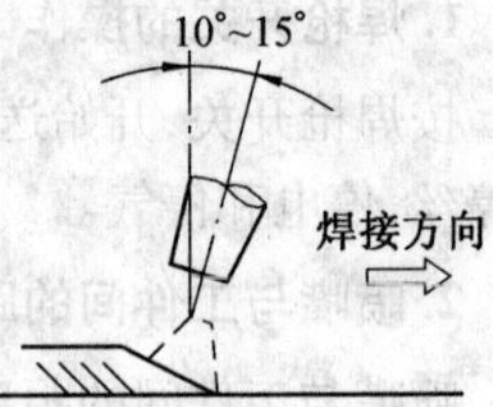 10°~15°，焊接方向
焊道断面形状	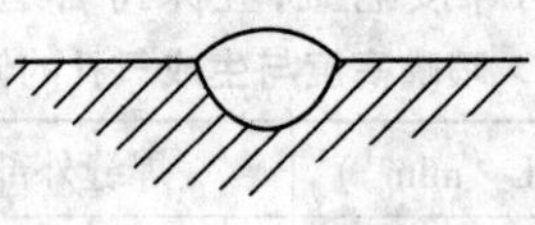	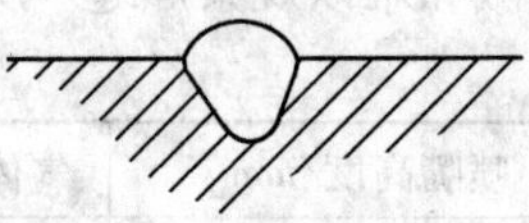

表 2.6 各种焊接接头左焊法和右焊法的比较

接头形式	左焊法	右焊法
薄板焊接（板厚 0.8~4.5 mm） 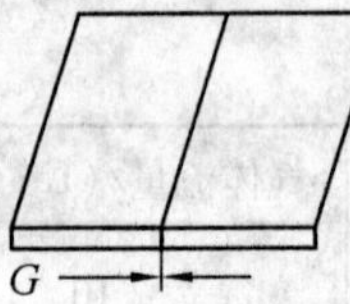	可得到稳定的背面成形； 焊道加强高小，变宽； G 大时使用摆动能容易看到焊接线	易烧穿； 不易得到稳定的背面成形； 焊道高而窄； G 大时不易焊接
中厚板的背面焊接成形焊接 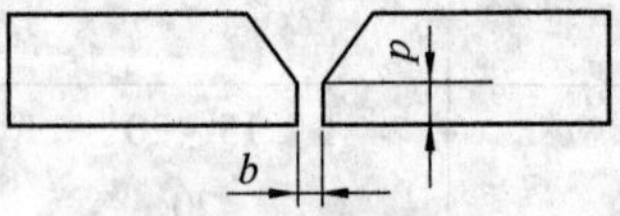	可以得到稳定的背面成形； G 大时做摆动，根部能焊好	易烧穿； 不易得到稳定的背面成形； G 大时马上烧穿
水平角焊缝焊接 焊角高度 8 mm 以下 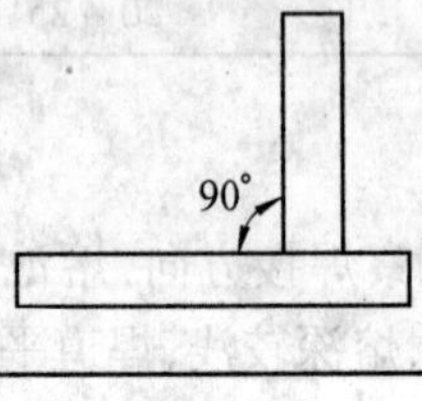	因容易看到焊接线，能正确地瞄准焊缝； 周围易附着细小的飞溅	不易看到焊接线，但能看到余高； 余高易呈圆弧状； 飞溅较小； 根部熔深大

续表2.6

接头形式	左焊法	右焊法
船形焊焊角高度达10 mm以上 坡口对接焊	余高呈凹形； 因熔化金属向焊枪前流动，焊趾部易形成咬边； 根部熔深浅（易发生未焊透）； 摆动易生成咬肉，焊角高度大时难焊	余高平滑； 不易发生咬肉； 根部熔深大； 焊缝宽度、余高容易控制
水平横向焊接 I形坡口 V形坡口	容易看清焊接线； 在 G 较大时，也能防止烧穿； 焊道整齐	电弧熔深大，易烧穿； 焊道成形不良，窄而高； 飞溅小； 焊道的熔宽及余高不易控制； 易产生焊瘤
高速焊接 （平焊、立焊和横焊等）	可利用焊枪角度来防止飞溅	容易产生咬肉； 易产生沟状连续咬肉； 焊道窄而高

焊接水平角焊缝时，焊枪指向位置特别重要。用250 A以下的小电流焊接时，焊角约为5 mm以下，可按图2.24(a)所示，焊枪与垂直板成40°~50°角，并指向尖角处。当焊接电流大于250 A时，焊角尺寸约为5 mm以上，可按图2.24(b)所示，这时焊枪与垂直板角度增加至35°~45°，指向位置在水平板上距尖角1~2 mm处为宜。焊枪指向垂直板时，焊缝将出现如图2.25所示的形状，垂直板咬边而水平板上形成焊瘤。

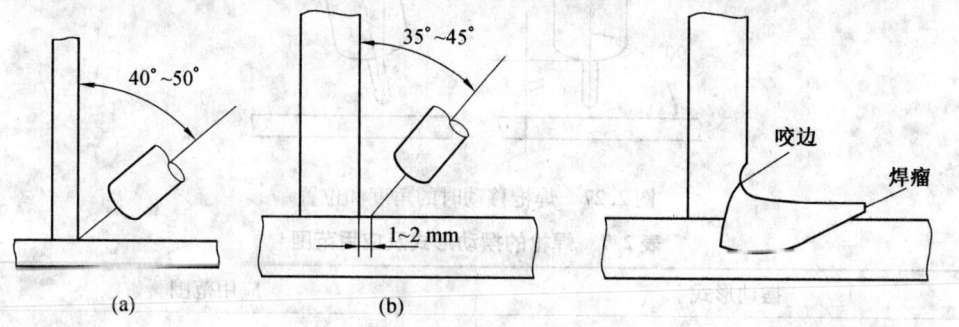

图2.24 水平角焊缝时焊枪的指向位置　　图2.25 水平角焊缝时的咬边和焊瘤

4. 操作姿势

由于二氧化碳气体保护焊的焊枪比手工电弧焊枪重，焊枪后面又拖了一根很重且僵硬的送丝导管,因此焊工较吃力,为了能长时间生产,每个焊工都应根据焊接位置,选择正确的持枪姿势。使用正确的持枪姿势,焊工既不感到别扭,又能长时间、稳定地进行焊接。

正确的持枪姿势应满足以下条件:

①操作时用身体的某个部位承担焊枪的重量,通常手臂都处于自然状态,手腕能灵活带动焊枪平移或转动,不感到太累。

②焊接过程中,软管电缆最小的曲率半径应大于30 mm,焊接时可以随意拖动焊枪。

③焊接过程中,能维持焊枪倾角不变,还能清楚、方便地观察熔池。

④将送丝机放在合适的地方,保证焊枪能在需焊接的范围内自由移动。

图2.26为焊接不同位置焊缝时的正确持枪姿势。

(a)蹲位平焊　　(b)坐位平焊　　(c)站位平焊　　(d)站位平焊　　(e)站位仰焊

图2.26　正确的持枪姿势

5. 焊枪的移动

焊接过程中,焊工可根据焊接电缆电流的大小、熔池的形状、工件的熔合情况、装配间隙等,调节焊枪前移速度。为了焊出均匀美观的焊道,焊枪移动时应该严格保持如图2.27所示的焊枪角度,保持焊枪与工件合适的相对位置。同时还要注意焊枪移动速度要均匀,焊枪应对准坡口的中心线,保持横向摆动摆幅一致。焊枪的摆动形式及应用范围见表2.7。

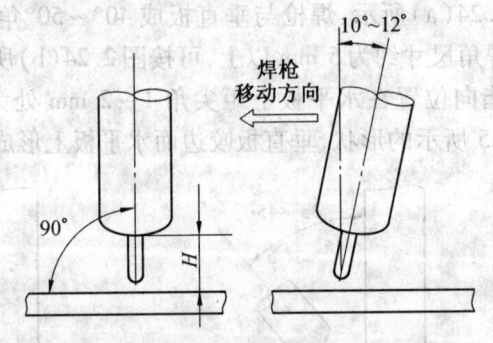

图2.27　焊枪移动时的角度和位置

表2.7　焊枪的摆动形式及应用范围

摆动形式	应用范围
⟶	薄板及中厚板打底焊道
∧∧∧∧∧∧∧	坡口小及中厚板打底焊道

续表 2.7

摆动形式	应用范围
〰〰〰	焊厚板第二层以后的横向摆动
‿‿‿‿	填角焊或多层焊时的第一层
∽∽∽	坡口大时
⑧ ⑥⑦④⑤②③①	焊薄板根部有间隙、坡口有垫板或施工物

为了减少线能量输入、热影响区和变形,通常不希望采用大的横向摆动来获得宽焊缝,推荐采用多层多道来焊厚板,当坡口小时,如焊接打底焊缝时,可采用锯齿形较小的横向摆动,如图 2.28 所示。当坡口大时,可采用弯月形的横向摆动,如图 2.29 所示。

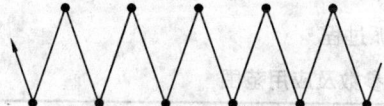

图 2.28 锯齿形的横向摆动　　　　图 2.29 弯月形的横向摆动

2.3.2 基本操作技术

1. 引弧

引弧时,焊工应首先熟悉将焊枪喷嘴与工件保持正常焊接时的距离,且焊丝端头距工件表面 2~4 mm。随后按焊枪开关,待送气、供电和送丝后,焊丝将与工件相碰短路引弧,结果必然同时产生一个反作用力,将焊枪推离工件。这时如果焊工不能保持住喷嘴到工件间的距离,容易产生缺陷,如图 2.30 所示。这就要求焊工在引弧时应握紧焊枪和保持喷嘴距工件的距离,如图 2.31 所示。

2. 焊接

焊接过程中关键是保持合适的焊枪倾角和喷嘴高度,沿焊接方向尽可能地均匀移动,当坡口较宽时,为保证两侧熔合好,焊枪还要做横向摆动。

焊工应能够根据焊接过程,判断焊接工艺参数是否合适。像手工焊一样,焊工主要依靠在焊接过程中看到的熔池大小和形状,电弧的稳定性、飞溅的大小以及焊缝成形的好坏来调整焊接工艺参数。不同熔滴过渡形态的工艺参数及应用见表 2.8。

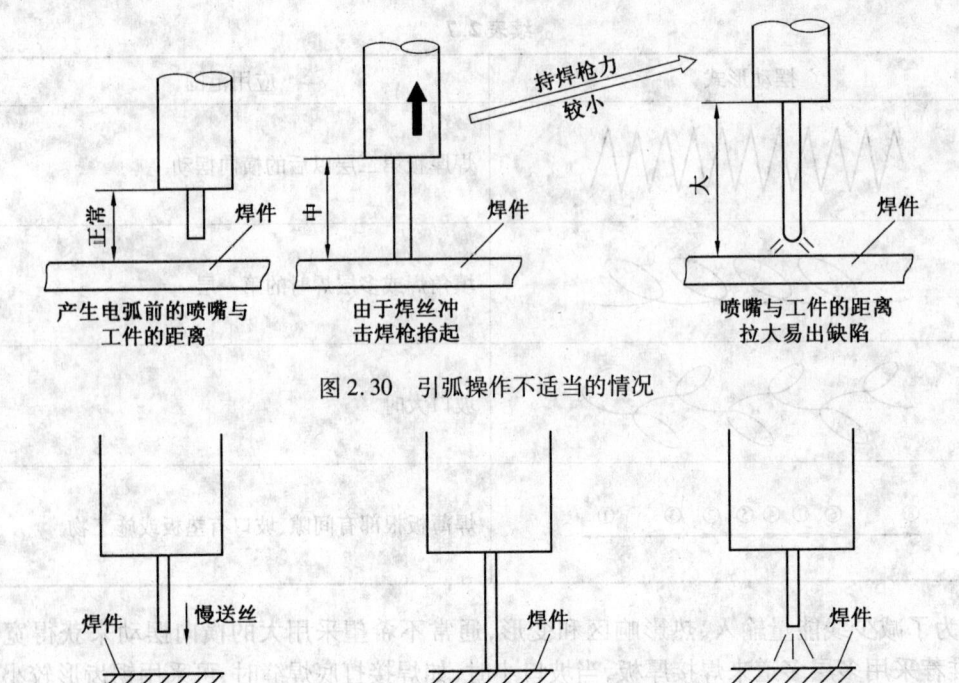

图 2.30 引弧操作不适当的情况

图 2.31 正确的引弧过程

表 2.8 不同熔滴过渡的工艺参数及应用范围

焊丝直径 /mm	短路过渡		颗粒过渡		喷射过渡	
	电流/A	电压/V	电流/A	电压/V	电流/A	电压/V
0.8	50~130	14~18	110~150	18~2	140~180	23~28
1.0	70~160	16~19	130~200	18~24	180~250	24~30
1.2	120~200	17~20	170~250	19~26	220~320	25~32
1.6	150~200	18~21	200~300	22~28	260~390	26~34
应用范围	薄板、打底焊、仰焊、全位置焊		中板的水平位置,也可用于下向位置中间层焊缝		中、厚板(填充层和角焊缝)的水平位置和船形位置	

采用短路过渡方式进行焊接时,若工艺参数合适,则焊接过程中电弧稳定,可观察到周期性的短路过程,可听到均匀的、周期性的啪啪声,熔池平稳,飞溅较小,焊缝成形好。

若电弧电压过高,熔滴短路过渡频率降低,电弧功率增大,容易烧穿,甚至熄弧;若电弧电压太低,可能在熔滴很小时就引起短路,焊丝未熔化部分插入熔池后产生固体短路,在短路电流作用下,这段焊丝突然爆断,使气体突然膨胀,从而冲击熔池,产生严重的飞溅,破坏焊接过程。

喷射过渡熔滴较细,过渡频率较高,飞溅小,电弧比较平稳,操作过程中应根据坡口两侧的熔合情况掌握焊枪的摆动幅度和焊接速度,防止咬边和未熔合。

3. 收尾

焊接结束前必须收弧,若收弧不当容易产生弧坑,并出现弧坑裂纹(火口裂纹)、气孔等缺陷,操作时可以采取以下措施。

(1)二氧化碳气体保护焊机带有弧坑保护电路,则焊枪在收弧处停止前进,同时接通电路,焊接电路与电弧电压自动变小,待熔池填满时断电。

(2)若气体保护焊机没有弧坑控制电路,或因焊接电流小没有使用弧坑控制电路时,在收弧出焊枪停止前进,并在熔池未凝固时,反复断弧、引弧几次,直至弧坑填满为止。操作时动作要快,若熔池已经凝固再引弧,则可能产生未熔合及气孔等缺陷。

不论采用哪种方法收弧,操作时需特别注意,收弧时焊枪除停止前进外,不能抬高喷嘴,即使弧坑已填满,电弧已熄灭,也要让焊枪在弧坑处停留几秒才能移开,如图2.32所示。因为灭弧后,保持一段时间滞后停气以保证熔池凝固时能得到可靠的保护,若收弧时抬高焊枪,则容易因保护不良引起缺陷。

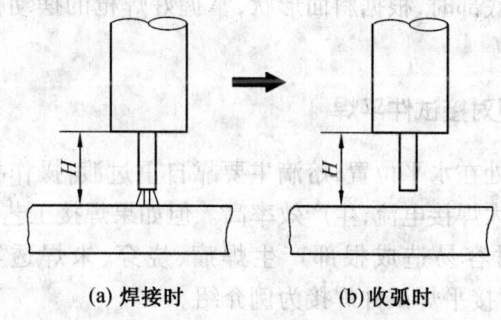

(a) 焊接时　　　　(b) 收弧时

图2.32　收弧时的正确操作

4. 接头

为保证接头质量,在多层多道焊时,接头应尽量错开。建议对不同的焊道采用不同的接头处理方法。

(1)对单面焊双面成形的打底焊道接头的处理按下述步骤操作:

①将待焊接头处用角向磨光机打磨成斜面,如图2.33所示。

②在斜面顶部引弧,引燃电弧后,将电弧拉至斜面底部绕一圈返回引弧处后再继续向左焊接,如图2.34所示。

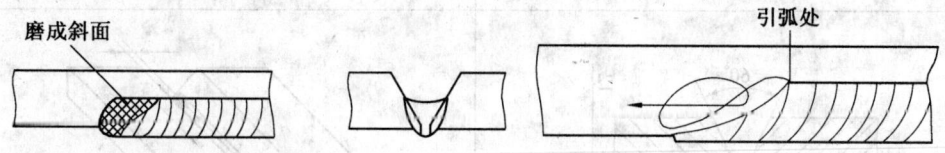

图2.33　接头处的准备　　　　图2.34　接头处的引弧操作

注意:这个操作很重要,引燃电弧后向斜面底部移动时,要注意过程熔孔,若未成熔孔则接头处背面焊不透;若熔孔太小,则接头处背面产生缩颈;若熔孔太大,则背面焊缝太宽或漏焊。

(2)对其他焊道接头的处理方法如图2.35所示。

直线焊接时,在火口前方 10~20 mm 处引弧,然后将电弧引向弧坑,到达弧坑中心时,待熔化金属与原焊缝相连后,再将电弧引向前方,进行正常焊接,如图 2.35(a)所示。

摆动焊道时,先在弧坑前方 10~20 mm 处引弧,然后以直线方式将电弧引向接头处,从接头处中心开始摆动,在向前移动的同时逐渐加大摆幅,转入正常焊接,如图 2.35(b)所示。

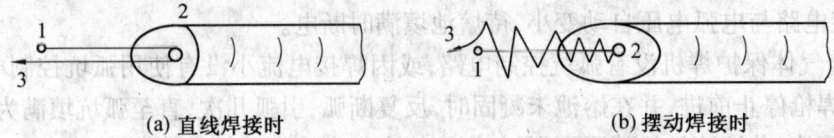

(a) 直线焊接时　　　　　　　　　　(b) 摆动焊接时

图 2.35　其他焊道接头的处理

(3)在环焊的焊接中,不可避免地要遇到封闭接头,该接头一般称为相对接头。相对接头的接法:

①先将封闭接头处用磨光机打磨成斜面。

②连续施焊至斜面底部时,根据斜面形状,掌握好焊枪的摆动幅度和焊接速度,保证熔化良好。

2.3.3　焊接操作板对接试件平焊

平焊时是由于焊缝处在水平位置,熔滴主要靠自重过渡,操作技术比较容易掌握,可选用较大直径焊丝和较大焊接电流,生产效率高。但如果焊接工艺参数或操作不当,在单面焊双面成形打底焊时容易造成根部产生焊瘤、烧穿、未焊透等缺陷。下面以板厚 12 mm,S235 材质的板对接平焊试件焊接为例介绍。

板对接接头试件平焊技能操作指导书:

(ISO9606—1135 P BW W01wm t12 PA ss nb)

焊接方法:二氧化碳气体保护半自动焊(135)　　材质:S235(W01)

接头型式:板对接接头(P BW)　　试件规格(mm):12(t12)

焊接位置:平焊(PA)

焊前准备:见表 2.9

焊接工艺参数见表 2.10。

表 2.9　平板对接接头的坡口及装配要求

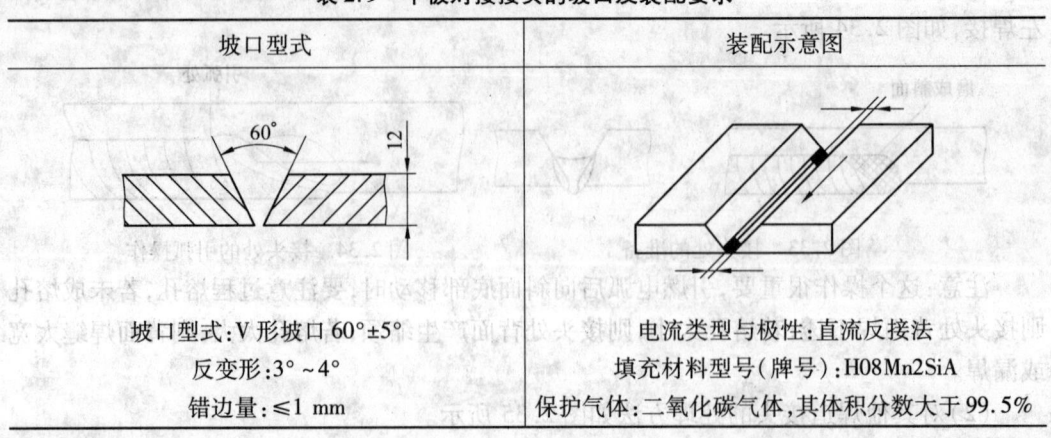

表 2.10　主要焊接参数

焊道分布	焊层	焊丝直径/mm	焊接电流/A	电弧电压/V	气体流量/(L·min^{-1})	干伸长度/mm
	打底焊(1)	1.0	90~95	18~20	10~12	10
		1.2	90~110	18~20	12~15	10
	填充焊(2)	1.0	110~120	20~22	10~15	10~15
		1.2	220~240	24~26	15~20	10~15
	盖面焊(3)	1.0	110~120	20~22	12~15	10~15
		1.2	230~250	25	15~20	10~15

焊接操作要点如下。

1. 打底焊

(1)采用左焊法,焊枪角度如图 2.36 所示。

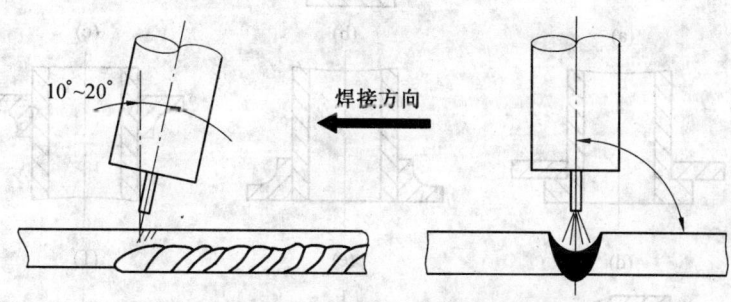

图 2.36　对接平焊焊枪角度

(2)焊枪沿距坡口底部约 2~3 mm 两侧小幅度锯齿形横向摆动并连续施焊,保持熔池孔大小。

(3)电弧在坡口两侧稍作停留,中间一带而过,保证焊道平整。焊道厚度不超过 4 mm。如图 2.37 所示。

(4)清理打磨后不能破坏装配间隙和坡口面。

2. 填充焊

(1)焊枪摆动幅度较打底焊层大些,两侧稍作停留,中间可以放慢速度。保证焊道平整并略下凹。

(2)填充焊道比试板上表面低 1.5~2 mm,不允许破坏坡口的棱边。如图 2.38 所示。

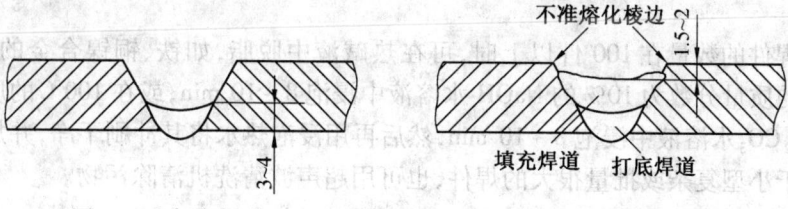

图 2.37　打底焊道　　　　　图 2.38　填充焊道

3. 盖面焊

(1)清理干净焊道、飞溅之后,调整好盖面焊的工艺规范参数。

(2)焊枪摆动幅度比填充层要大,电弧在两侧需将棱边熔化掉,熔池边缘须超过坡口上表面棱边 0.5~1.5 mm。

(3)尽量保持焊接速度均匀,使焊纹致密均匀,收弧时弧坑要填满。

2.4 钎 焊

2.4.1 火焰钎焊技术

1. 钎焊前的准备

(1)钎焊接头形式的选择:常用的钎焊接头形式如图 2.39 所示。

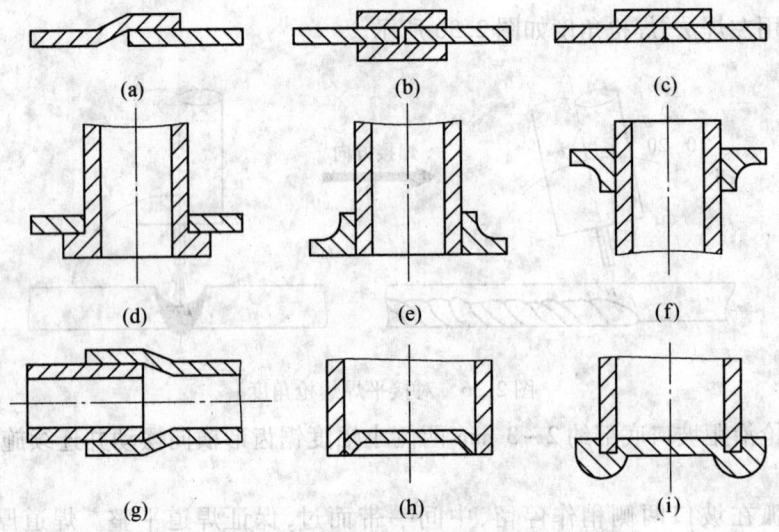

图 2.39 常用钎焊接头形式

(2)钎焊接头装配间隙的确定:不同钎料钎焊不同金属所预留的装配间隙大小可参照表 2.11 选择。

(3)焊前清理

①清除污物

a. 当焊件的数量比较少时,可用丙酮、酒精、汽油、三氯乙烯及四氯化碳等有机剂清除污物。

b. 当焊件的数量在 100 件以上时,可在热碱液中脱脂,如铁、铜镍合金的零件,可在 80~90℃的质量分数为 10% 的 NaOH 水溶液中浸泡 8~10 min,或在 100℃的质量分数为 10% 的 Na_2CO_3 水溶液中浸泡 8~10 min,然后再用浸泡热水将其冲刷干净,并加以干燥。

c. 对于小型复杂或批量很大的焊件,也可用超声波清洗机清除污物。

表 2.11　钎焊装配间隙

母　材	钎料种类	装配间隙/mm
碳素钢	铜钎料	0.01~0.05
	黄铜钎料	0.05~0.20
	银基钎料	0.02~0.15
	锡铅钎料	0.05~0.20
铜及铜合金	黄铜钎料	0.07~0.25
	铜磷钎料	0.05~0.25
	银基钎料	0.05~0.25
	锡铅钎料	0.05~0.20
不锈钢	铜钎料	0.02~0.07
	镍基钎料	0.05~0.10
	银基钎料	0.07~0.25
	锡铅钎料	0.05~0.20
铝及铝合金	铝基钎料	0.10~0.30
	银锌钎料	0.10~0.30

②清除氧化物

a. 单件或小批量的焊件,可用金属刷、砂布或锉刀等清除氧化物。

b. 大批量生产时,可用喷砂或机械刷等清除氧化物,但装配前需用丙酮或汽油等将待焊处的砂粒及粉尘清除干净。

c. 批量很大时,可用化学浸蚀方法清除氧化物。即将焊件放在如表 2.12 所列的化学清洗剂中浸蚀,然后立即进行中和处理,以防焊件腐蚀,最后在热水中冲洗干净,并加以干燥。

表 2.12　常用清洗剂

适用材料	化学清洗剂成分	清洗剂温度/℃	清洗后的处理
低碳钢及低合金钢	(1)质量分数为 15% 的 HCl+缓蚀剂 (2)质量分数为 6.25% 的 H_2SO_4+缓蚀剂 (3)质量分数为 6.25% 的 H_2SO_4+质量分数为 80% 的 HCl	室温 20~80 室温	用热水冲洗干净,并加以干燥
铸铁	质量分数为 6.25% 的 H_2SO_4+质量分数为 12.5% 的 HF	室温	
不锈钢	(1)质量分数为 10% 的 H_2SO_4 (2)质量分数为 10% 的 H_2SO_4+质量分数为 10% 的 HCl (3)质量分数为 20% 的 HNO_3+质量分数为 30% 的 HF+缓蚀剂 (4)质量分数为 25% 的 HCl+质量分数为 25% 的 HNO_3+缓蚀剂	82 45~60 50~60 室温	
铝及铝合金	(1)质量分数为 12.5% 的 H_2SO_4+质量分数为 1%~3% 的 Na_2CO_3 (2)质量分数为 10% 的 H_2SO_4+质量分数为 10% 的 $FeSO_4$	20~77 50~60	

(4)钎焊接头的装配和定位方法:钎焊接头装配时,可采用如图2.40所示的方法加以固定,以保证所要求的间隙。

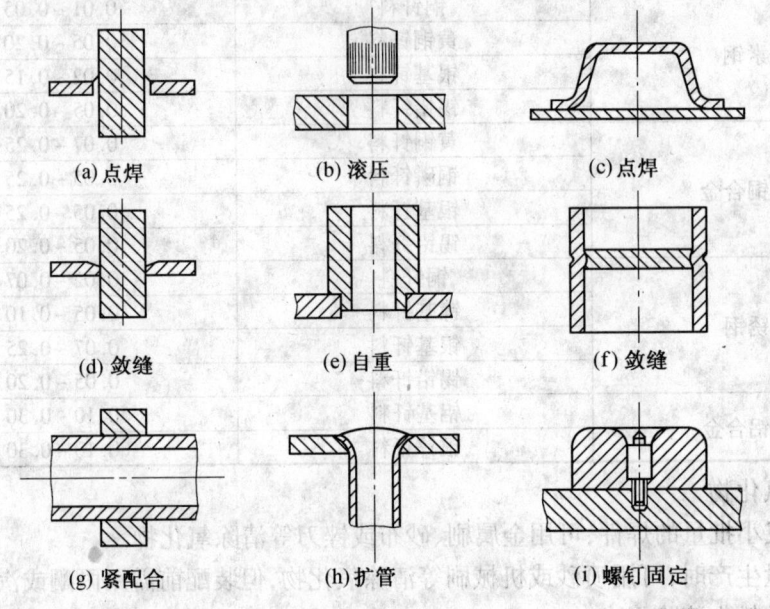

图2.40 钎焊接头的固定

2. 钎焊操作要点

(1)预热的注意事项

①用中性焰或轻微的碳化焰加热焊件,焰芯距焊件表面一般为15~20 mm,以增大加热面积。

②钎焊导热性好焊件时,必须用大号焊炬或焊嘴,甚至用多把焊炬同时加热。一般要预热到450~600℃后方可钎焊。

③钎焊厚薄不等的焊件时,预热火焰应指向厚件,以防薄件熔化。

④预热温度一般以高于钎料熔点30~40℃为宜。

(2)钎剂的使用

当钎焊处被加热到接近钎料的熔化温度时,应立即撒上钎剂,并用外焰加热使其熔化。在某些情况下,也可以将钎剂预先放在待焊处,这样可以保护母材在加热过程中不被氧化。为防止钎剂被火焰吹掉,可用水或酒精将钎剂调成糊状。不过,钎焊时应先在接头间隙周围加热,以使钎剂中的水分蒸发掉。另外,也可以在钎焊时,把丝状钎料的加热端周期地浸入干钎剂中蘸上钎剂,随后送入被加热的接头间隙处。

(3)填加钎料的方法

钎剂熔化后,应立即将钎料与被加热到高温的焊件接触,利用焊件的高温使钎料熔化。当液态钎料流入间隙后,火焰焰芯与焊件的距离应增大到35~40 mm,以防钎料过热。

(4)钎焊操作的注意事项

①在保证钎透的情况下,应尽量缩短加热时间,以防母材和钎料被氧化。

②不能用火焰直接加热钎料,应加热焊件,利用焊件的高温使钎料熔化。

③火焰的高温区不要对着已熔化的钎料和钎剂,否则容易引起钎料、钎剂的过热、过烧,造成某些成分的挥发和氧化,而使钎焊接头的性能下降。

④钎缝尺寸达到要求后,方可使火焰慢慢远离焊件。

⑤钎焊后的焊件,要待钎料完全凝固后方可挪动。

3. 钎焊后的清理

①凡使用的能溶于水的软钎剂,钎焊后可用水刷洗。

②若使用的是不溶于水的软钎剂,钎焊后可用酒精、汽油等有机溶剂清洗。

③用硬钎剂焊后的残留硼酸和硼砂,通常用喷砂等机械方法去除。

2.5　火焰焊接

火焰焊接又叫气焊,是利用燃气与氧气混合气体燃烧形成的火焰加热熔化材料进行的焊接方法。GB/T 5185—2005 和 ISO4063—1998 规定,其焊接方法的代号是311。

2.5.1　气焊的特点

1. 优势

(1)设备简单,无需电源,运行成本低。

(2)技术简单易学,应用灵活。

2. 不足

(1)相对于其他熔焊,温度低,热量不集中,加热慢,热影响区宽,组织粗化严重,变形大。

(2)火焰气氛具有一定氧化性,不利于熔池、焊缝的保护。

(3)气体具有易燃易爆特性,对安全性要求高。

3. 适用范围

(1)适合单件、小批量生产和修补等。

(2)能焊碳钢、铸铁、铝、铜等材料。

(3)适合焊 6 mm 以下的板。

2.5.2　气焊设备

气焊设备包括焊炬、气瓶、减压器与流量计、气体软管等。除焊炬外,其他部分与气割设备完全相通。

按照结构和工作原理不同,焊炬分为射吸式焊炬和等压式焊炬。其中射吸式焊炬最为常用。图 2.41 是国产射吸式焊炬的实物图。

从图中可见,射吸式焊炬与射吸式割炬的不同之处在于:没有高压氧管道,氧气和乙炔的入口位置不同。同时,焊嘴构造与割嘴也不同,只有一个混合气的出口,位于割嘴正中心。

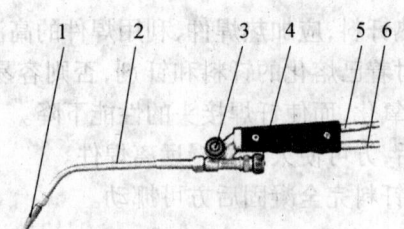

图 2.41 射吸式焊炬
1—焊嘴;2—射吸管;3—乙炔阀门;4—氧
气阀门;5—乙炔管接头;6—氧气管接头

射吸式焊炬的工作原理与射吸式割炬相同,都是低压的乙炔靠氧气射吸进入射吸管,混合气在割嘴出口处点燃。因为乙炔处于较低压力下,回火的倾向比较高,因此,射吸式焊炬只适合手工焊接。

国产射吸式焊炬的型号示例:

$$H01-12$$

其中的 H 表示焊炬,是焊炬的汉语拼音字头;01 表示射吸式焊炬(02 表示等压式焊炬);12 表示最大焊接板厚为 12 mm(有 2、6、12、20 等规格)。

2.5.3 气焊工艺与操作

1. 工艺参数及其选择

气焊工艺参数包括火焰类型、火焰能率、焊丝直径、焊嘴倾角、焊接速度等。

(1)火焰类型

火焰类型根据被焊材料的性质选择,主要考虑材料的熔点、导热系数、对氧化的敏感性等因素。焊接低碳钢时,要用中性火焰;焊接高碳钢和铸铁时,要用碳化火焰;焊接铜等导热性好的材料时,要用氧化火焰。

(2)火焰能率

火焰能率指单位时间内火焰消耗的混合气体量(L/h)。根据板厚、材料熔点、焊接位置选择。工件越厚、熔点越高、导热性越好,则能率越大。而火焰能率的大小则是由焊炬型号和焊嘴号码决定的。

(3)焊丝直径

焊丝直径根据工件厚度选择。板厚越大,焊丝直径则越大。表 2.13 是推荐的工件厚度与焊丝直径关系。

表 2.13 工件厚度与焊丝直径关系

工件厚度/mm	1.0~2.0	2.0~3.0	3.0~5.0	5.0~10	10~15
焊丝直径/mm	1.0~2.0 或不需填丝	2.0~3.0	3.0~4.0	3.0~5.0	4.0~6.0

(4)焊嘴倾角

如图 2.42 所示,焊嘴的倾角 α 与热输入有密切关系,α 越大,热输入越大,越适合厚板的焊接。表 2.14 给出了生产实际总结的倾角与板厚间的经验关系。

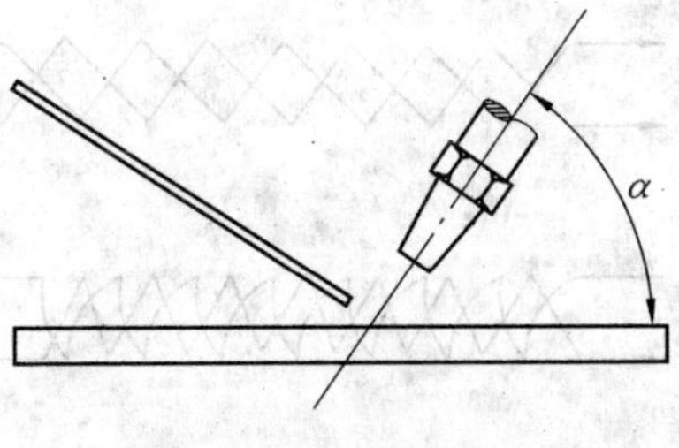

图 2.42　焊嘴倾角

表 2.14　焊嘴倾角与工件厚度

工件厚度/mm	≤3	1~3	3~5	5~7	7~10	10~15	≥15
焊枪倾角/(°)	20	30	40	50	60	70	80

(5)焊接速度

焊接速度要与火焰能率、焊丝直径等配合,保证熔透,在不出现缺陷的情况下,尽量提高焊接速度,以提高生产效率。

2. 操作技术

(1)焊接方向

按照火焰前进方向与焊炬倾角间的关系,气焊有左焊法和右焊法之分,如图 2.43 所示。

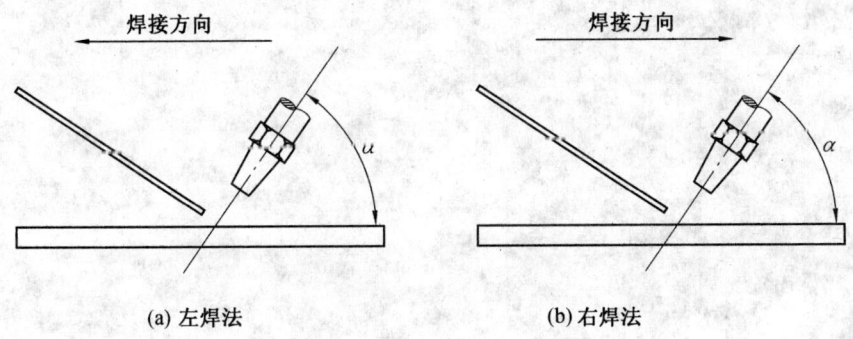

(a) 左焊法　　　　　　　　　　(b) 右焊法

图 2.43　左焊法与右焊法

焊炬向着火焰前进的相反方向倾斜为左焊法,反之为右焊法。左焊法的优势在于,能够清楚地看到熔池,利于操作中火焰与焊丝的摆动。其不足之处在于,熔深较浅,加热时间长,变形大。右焊法的特点与左焊法相反。

在实际的生产中,因为气焊多数焊接的都是薄板,所以,为能够清楚地观察焊缝与熔池,采用左焊法的情况较多。

(2)焊丝与焊炬的摆动

焊炬的摆动是为了充分预热和熔化母材与焊丝,还能避免母材的过烧。焊丝的摆动则是为了均匀地填充焊缝,得到美观的成形。

常用的焊丝和焊炬摆动方法如图 2.44 所示。实际生产中没有严格的规定,要根据材料性质、厚度、焊接位置灵活掌握。

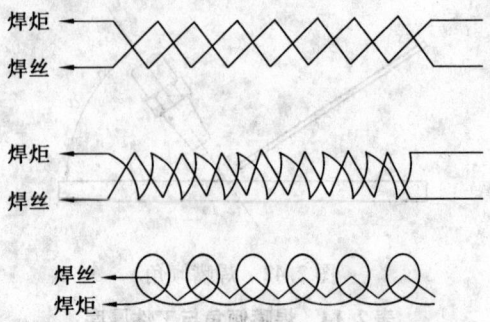

图2.44 焊丝、焊炬的摆动方法

(3)各种焊接位置的操作要领

从操作姿态看,平焊位置焊工最省力,仰焊最吃力。从熔滴过渡和焊缝成形方面看,平焊最易熔滴过渡,能够到得到理想的成形。而其他焊接位置由于熔滴的滴落,使成形困难。特别是仰焊,操作时要特别注意工艺参数和操作手法。要选择比平焊小的火焰能率。熔池面积不宜过大,掌握加热时间,防止熔滴滴落。

在焊炬的倾角上要特别注意。立焊时,焊炬向下倾斜,使火焰向上吹。倾角约60°;横焊时,焊炬向下倾斜65°～75°,向右倾斜40°～50°;仰焊时,焊炬向右倾斜60°～80°。

第3章 建筑钢结构的焊接工艺设计与制作

3.1 建筑钢结构简介

建筑钢结构是指在工业、民用建筑物中采用钢铁材料焊接而成的各种结构。在工业建筑中,钢结构可以是立柱、吊车支撑梁、屋架及其支撑体系、转运平台,用于冶金、轧钢、重型机械制造、造船、飞机制造、汽车制造等生产厂房。在民用建筑中,钢结构可以是机场、体育馆、商场、剧院的屋架,高层建筑外部骨架结构等,如图3.1所示。

(a)厂房立柱和吊车支撑梁　　　　(b)高层建筑外部骨架结构

(c)机场航站楼屋架　　　　(d)平面钢屋架

图3.1 几种典型的建筑钢结构

由于建筑钢结构空间尺寸较大,生产中多采用分段、分部焊接后现场组装,这些部件归纳起来有如下几种基本结构形式:梁、柱(图3.1(a))、网架(图3.1(b)、(c))、桁架(图3.1(d))。

3.2 梁结构

3.2.1 梁结构简介

梁是由钢板或型钢焊接成的实腹受弯构件。可在一个主平面内受弯,也可在两个主平面内受弯,有时还可承受弯扭的联合作用。按照尺寸、作用载荷大小及其分布的不同,梁有多种结构形式,基本的构造有工字梁、矩形梁、箱型梁、桁架梁、组合梁等。图 3.2 是几种常用梁的截面形式。在工字梁中,为提高抗扭刚度和减振性能,腹板可以采用折线形,如图 3.3 所示。

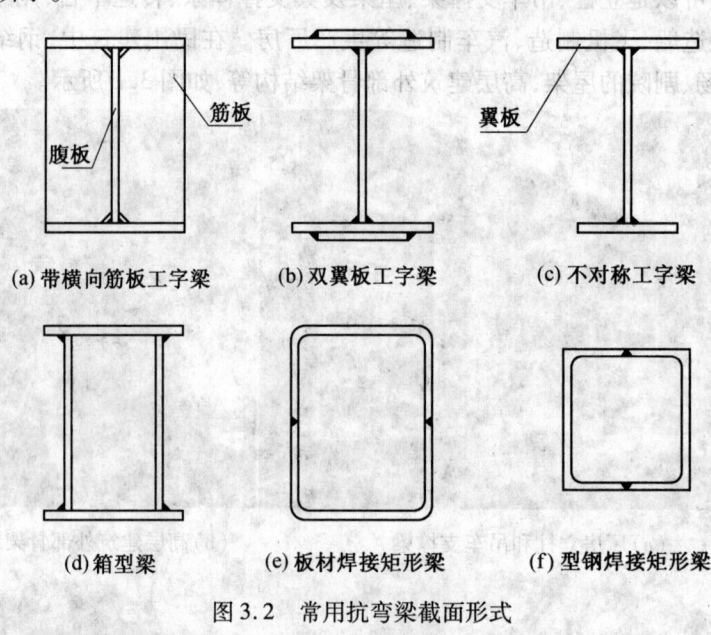

图 3.2 常用抗弯梁截面形式

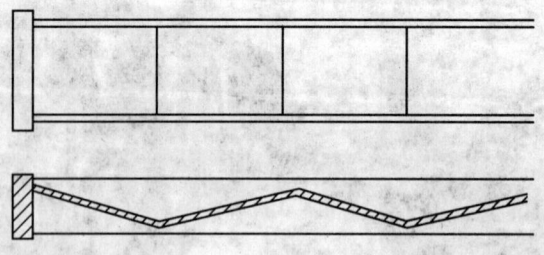

图 3.3 折线形腹板抗弯梁

3.2.2 梁的生产制造工艺流程

梁焊接用材料是钢板或型钢。虽然截面形状、尺寸有各种差异,但其生产制造过程大同小异,基本遵循这样的工艺流程:下料→(成形)→整形→组装→焊接→矫正。

1. 下料

在2.1节中已经介绍了板材、型材常用的下料方法。生产中要综合考虑材料厚度、性质、精度要求、尺寸等因素选择合适的下料方法。比如20 mm以下的低碳钢板,首选剪板机剪裁,效率高、精度高、辅助时间短。20 mm以上的钢板可以采用火焰切割机进行切割,然后进行机械打磨、加工坡口。如果是低合金钢板,则需要用等离子切割的方法切割,然后机械加工坡口。

对于槽钢、钢管等型钢,可以用带锯床或砂轮切割机进行下料,然后用砂轮机、角磨砂轮机清理端面。

2. 成形

成形工序不是每种梁的制造过程都需要。只是焊接矩形梁时,需要将下料的板材用压力机制成槽型。大厚度、大截面的槽型钢,需要大吨位的液压机压制成形,小截面且板厚较薄(8 mm以下)的槽型钢,可以用折弯机成形。

3. 整形

板材下料后都会存在不同程度的弯曲,需要整形后才能组装焊接。整形的方法主要有压力机整形、热整形、平板机整形等。板材的弯曲可以在平板机上用压辊反复碾压去除,也可以用压力机进行压制平整。对于厚度较大、设备条件不允许或批量较小时,可以采用火焰加热后激冷的方法整形。

4. 组装与焊接

对于尺寸较长的梁,腹板、翼板均需要拼接。要根据板材的厚度设计拼接接头坡口形式和尺寸,并进行加工。拼接组装时要保证一定的精度,即严格控制对接板材的错边量、接头焊后的角变形等。焊缝质量要与梁的总装焊缝要求一样,不能降低标准。焊后要整形,并加工掉余高。

下面以工字梁为例介绍梁的一般组装焊接工艺。

(1)组装

双轴对称的工字梁(图3.2(a)、(b))结构简单,应该先总装,后焊接。即在专门的平台上或胎卡具上将上下翼板与腹板组装、定位点焊,然后以合理的焊接顺序完成四处角焊缝的焊接。如果是带有横向筋板的工字梁(图3.2(a)),也要将筋板与腹板、翼板一同组装再焊接,以防翼板的角变形影响筋板的后续组装。

(2)焊接

工字梁焊接的质量要求有尺寸精度和变形控制两个方面。尺寸精度包括长度、宽度、高度方向的尺寸偏差,腹板的偏心,翼板的倾斜等;变形控制包括翼板的角变形、纵向旁弯、纵向挠曲等,如图3.4所示。

表3.1是某企业工字梁焊接质量标准。

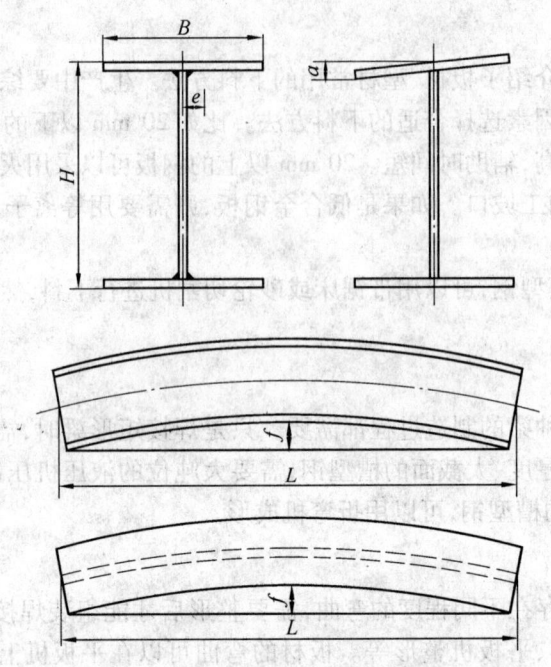

图 3.4 工字梁焊接的尺寸精度与变形控制
H—高度;B—宽度;L—长度;e—腹板偏心;a—翼板倾斜;f—旁弯和挠曲

表 3.1 某企业工字梁焊接质量标准

项目	允许偏差/mm
长度 L	±3
高度 H	$H\leqslant 400$ 时,±2
	$400<H<1\,000$ 时,$\pm H/200$
	$H\geqslant 1\,000$ 时,±5
宽度 B	±3
弯曲 f	$L\leqslant 15$ m 时,$\leqslant 0.10\% L$ 且 $\leqslant 10$ mm
	$L>15$ m 时,$\leqslant 10+0.10\%(L-15$ m$)$
翼板倾斜 α	$B\leqslant 200$ 时,$\pm B/100$
	$B>200$ 时,±2
腹板偏心 e	$B\leqslant 200$ 时,$\pm B/100$
	$B>200$ 时,±2

生产实践表明,工字梁的变形主要是翼板的角变形,其次是旁弯、挠曲变形。

预防角变形的办法有刚性拘束、反变形等,如图 3.5 所示。其中刚性拘束可以减小反变形,但不能完全消除,且存在焊接应力,往往需要焊后整形;预制反变形和夹紧反变形可以有效控制焊接应力,但预留多少反变形量往往需要经验,存在一定偏差。可见,不论哪种反变形法,都不能完全控制角变形,必须借助焊后的整形才能保证变形量在允许范围内。

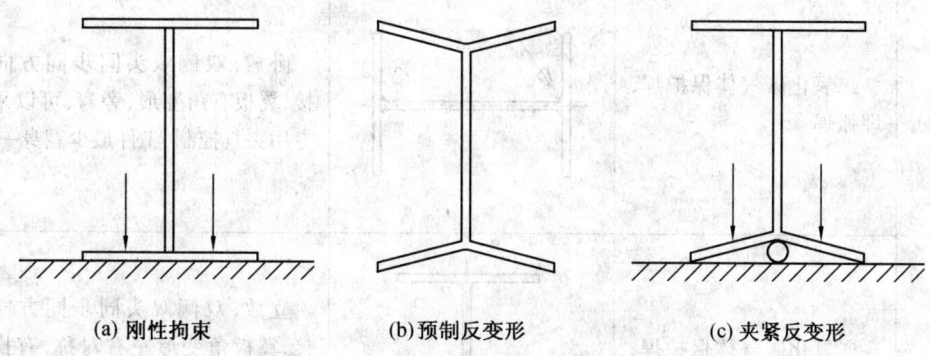

图 3.5 工字梁焊接角变形的控制

断面形状和焊缝分布对称的工字梁或柱,焊后产生的挠曲变形一般都较小。其变形方向和大小主要是受四条角焊缝的焊接顺序和工艺参数影响,通过合理安排焊接顺序和调整焊接工艺参数即能解决,焊后变形超差时再进行矫正。合理的焊接顺序是对称焊接,如图3.6所示。

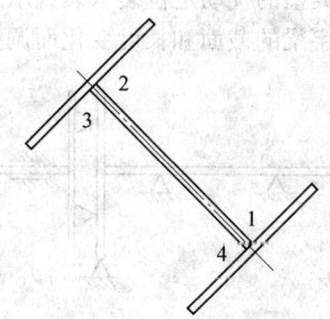

图 3.6 工字梁对称焊接顺序

在大批量生产时,工字梁焊接要尽量采用相邻焊缝同步焊接的方法,以尽可能减少旁弯、挠曲,并提高生产效率。批量生产工字梁的焊接方案见表3.2。

表 3.2 批量生产时工字梁的典型焊接方案

序号	焊接方法	焊接方案	特 点
1	二氧化碳气体保护焊,埋弧焊,焊条电弧焊		船形位置单头焊,焊缝成形好,变形不易控制,工件需翻身三次,生产效率低

续表 3.2

序号	焊接方法	焊接方案	特　点
2	二氧化碳气体保护焊，埋弧焊		卧放，双侧双头同步同方向焊接，翼板有角变形、旁弯，可以采用专用夹具控制，工件最少翻身一次
3	二氧化碳气体保护焊，埋弧焊		立放，双侧双头同步同方向焊接，翼板角变形左右对称，有挠曲变形，可以采用专用夹具控制，工件最少翻身一次

为提高生产效率，保证组装和焊接精度，尽量减小变形，焊接时可以采用机械化程度高的辅助装置。图 3.7 是一种典型的气动定位装卡装置示意图。这种装置可以精确定位装配，控制变形，又可以随着工字梁的截面和长度变化而调整，通用性较强。

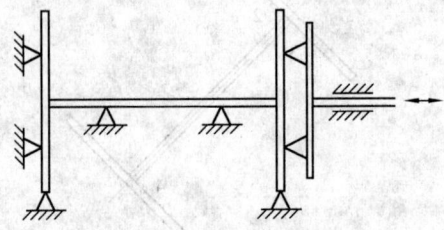

图 3.7　工字梁装卡装置示意图

5．矫正

工字梁焊后产生的角变形、挠曲、旁弯等，可以采用火焰加热然后喷水激冷的方法矫正，如图 3.8 所示。基本原理是在变形的反方向快速加热，然后迅速喷水冷却。实践证明，这种矫正方法是行之有效的。这种方法的不足在于有明显的氧化，且加热时间、加热面积大小等需要凭借经验，存在一定的偏差。

上述变形还可以通过机械矫正的方法消除，但需要专门的压力设备和胎具，适用于大批量生产。

3.2.3　梁的焊接工艺编制

采用熔化焊方法制造抗弯梁的工艺包括如下内容：焊接位置、焊接方法及设备、焊材（焊条、焊丝、焊剂）牌号、坡口形式与尺寸、焊接层道数、焊材规格、电参数（电源极性、电流值、电压值）、焊接速度等。工艺编制者要区分各项内容的主次和相互关系，综合各种因素,结合实际经验编制合理的焊接工艺。必须指出,即使是同一种结构、尺寸的抗弯梁,焊接工艺也往往不是唯一的,经常会有多种选择。

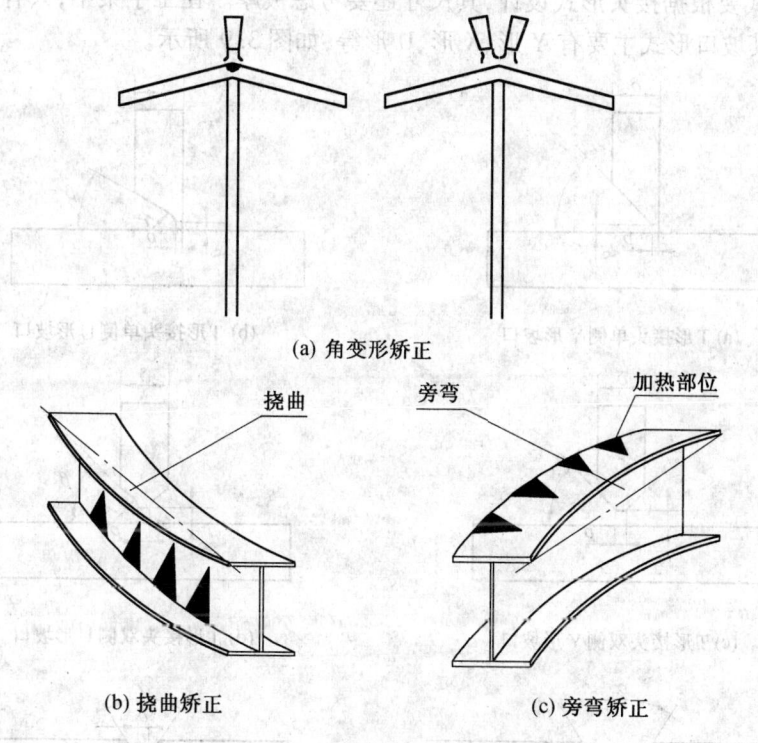

图 3.8 工字梁变形的热矫正

1. 焊接位置

工字梁有四道焊缝,其焊接位置最好布置成船形位置或平角焊位置(见表 3.2)。这样做有两方面的优势:一方面有利于焊缝成形,另一方面可以选择更多的焊接方法,特别是埋弧自动焊。在实际生产中,要考虑工件的大小、设备和工装的条件、生产批量,选择最合适的焊接位置,尽量不要采用仰焊位置。从表 3.2 中可以知道不同焊接位置各自的优势与不足。

2. 焊接方法

工字梁多数由低碳钢、低合金钢制造。这些钢的焊接性较好,一般不需要焊前的预热、焊后的热处理。适用的焊接方法也较多,焊条电弧焊、二氧化碳气体保护焊、埋弧自动焊、MAG 焊等均可。实际生产中,要综合考虑工件的板厚、焊缝长度、生产批量、是否有横向筋板等因素选择最为合适的焊接方法,以提高焊缝成形质量、减少辅助时间、提高生产率。

3. 焊材(焊条、焊丝、焊剂)牌号

焊材的牌号主要根据母材的化学成分选择,由于抗弯梁是典型的承载结构,为此焊材的选择一般依据等强度原则选取,并充分考虑脱氧因素。比如焊接 Q235 钢板,焊条可选 E4303,焊丝可选 H08MnA。焊材的选择可参考 2.2 节和 2.3 节。

4. 坡口形式与尺寸

坡口形式要根据接头形式设计,其尺寸还要考虑板厚。在工字梁中,只有对接接头和T形接头。其坡口形式主要有Y形、X形、U形等,如图3.9所示。

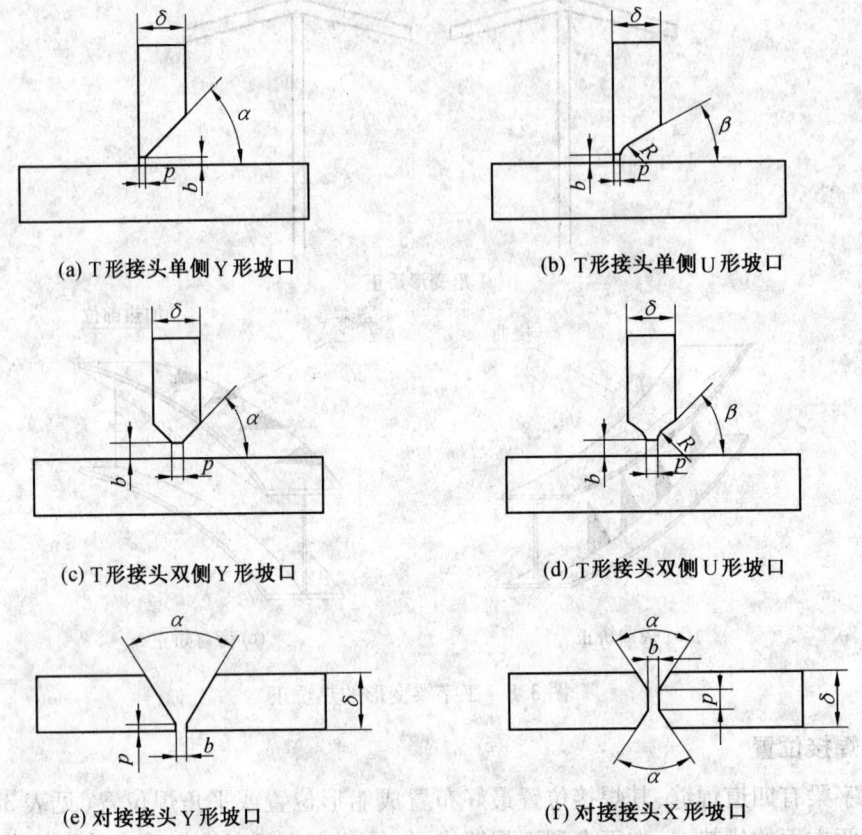

(a) T形接头单侧Y形坡口　　　　(b) T形接头单侧U形坡口

(c) T形接头双侧Y形坡口　　　　(d) T形接头双侧U形坡口

(e) 对接接头Y形坡口　　　　　　(f) 对接接头X形坡口

图3.9　工字梁接头及坡口形式

δ—板厚;p—钝边;b—间隙;α,β—坡口角;R—U形坡口根部圆角

在实际生产中,采用气体保护焊、焊条电弧焊时,多选用Y形坡口或X形坡口,采用埋弧自动焊时,多选用U形坡口,并且尽可能采取船形位置焊接。

坡口需要进行机械加工,以保证尺寸精度和表面粗糙度。加工后,去除坡口表面及其周边25 mm范围内的氧化皮、油污、毛刺等,确保焊后无夹渣、气孔等缺陷。

5. 焊接层道数

焊接层数、道数需要根据板厚、坡口尺寸选择。板厚越大,层数越多;坡口宽度大,需要增加道数。

6. 焊材规格

焊材规格要根据板厚选择。特别注意打底焊时,板厚指坡口的实际厚度,而不是母材的厚度。厚度越大,焊材的直径越大。可参考2.2节和2.3节。

7. 电参数

电参数包括电源极性、电流和电压。采用焊条电弧焊和气体保护焊方法时,通常选用直流反极性,即工件接负极,焊丝(焊条)接正极。这样有利于实现自由过渡,减小飞溅,增加熔深。而采用埋弧自动焊时,要考虑焊接电流大小来选择直流还是交流。一般地,电流小于 700 A 时,选用直流反极性,原理同上。在电流大于 700 A 时,一般采用交流电源,目的是防止焊丝过热。

电流大小根据焊材直径选取,直径越大,电流越大。电压对应着弧长,打底焊需要大熔深,选择低电压;填充焊和盖面焊突出熔宽,则可提高电压。

8. 保护气种类与流量

保护气种类根据母材性质选取,一般的,低碳钢选用二氧化碳气体,低合金钢可选用二氧化碳气体或混合气体。气体流量主要根据电流大小选取,电流越大,电弧消耗的气体越多,气体流量应越大。

9. 焊接速度

焊接速度要与焊接电流、电压相配合,以保证合理的焊缝成型,且不出现烧穿、未熔合、未焊透、焊瘤、夹渣、咬边等缺陷。

3.3 桁架结构

3.3.1 桁架结构简介

桁架是由直杆组成的,一般具有三角形单元的平面或空间结构。在载荷作用下,桁架杆件主要承受轴向拉力或压力,从而能充分利用材料的强度,在跨度较大时可比实腹梁节省材料,减轻自重和增大刚度,故适用于较大跨度的承重结构和高耸结构,如屋架、桥梁、输电线塔、起重机架等。桁架按外形分有三角形桁架、梯形桁架、多边形桁架、平行弦桁架及空腹桁架。图 3.1(d)就是一种典型的三角形平面桁架结构。

3.3.2 桁架的生产制造工艺流程

桁架用材料主要是角钢、圆钢、槽钢等型钢,节点处用钢板。以图 3.1(d)平面桁架为例,其制造工艺流程为:型材校直→下料→清理→划地样线→制作定位胎→组装焊接→整形。

1. 型钢校直

角钢、槽钢、圆钢等型材在运输、存储过程中往往会因吊装、摆放等原因造成弯曲,必须进行校直方能使用。校直的方法一般有机械校直和火焰校直。机械校直必须设计专门的胎具,用压力机或型钢矫直机进行,适合批量生产;火焰校直比较灵活,但表面氧化严重且工效较低。生产中要根据实际情况选择。经校直的型钢长度上的直线度允差为 $l/1\,000$,且不超过 5 mm,其中的 l 是型钢的单件长度。

2. 下料与清理

型材是细长形材料,下料方法如 2.1 节所述,适宜采用锯床、砂轮切割机、火焰切割机等方法下料。锯床下料尺寸精度高、表面质量好、劳动强度低,但需要专门设备,适合大批量生产;砂轮切割机下料操作灵活,但尺寸精度略低一些,且劳动强度较大,有噪声;火焰切割下料表面质量和尺寸精度都较差,且有热影响区和表面裂纹等缺陷,工作效率较低,劳动强度大。几种下料方法各有优势和不足,生产中要根据生产批量等因素选择。

3. 划地样线与制作定位胎

桁架结构尺寸大,杆件多,焊缝多且分散,为能准确定位,确保尺寸精度,需要在平台上按照 1∶1 的比例划出桁架的几何尺寸和位置线——地样线,然后在地样线的边界隔一定距离焊接一个定位块,定位块垂直于平台。平台与定位块就构成了组装用的定位胎。

对地样线的要求是:①平台必须满足平面度要求;②地样线不要求按照图样全部划出,但杆件、节点板等件的定位线必须划出;③在长度方向上考虑焊后的收缩量,地样线加长量取总长的 1/1 000 ~ 2/1 000,焊缝多取上限,焊缝少取下限;④需考虑焊后桁架的挠曲,单位长度上的挠曲度取 1.4/1 000。

在定位块上要安装螺旋顶杆,即粗螺栓或丝杠,用以预制杆件的挠曲度。

4. 组装与焊接

(1)组装

定位上下弦杆,用螺旋顶杆预制上弦杆的挠曲度。组装竖杆、斜杆。定位焊点要牢固,长度为 8 ~ 10 mm。焊接电流要高于正常焊接的 10% ~ 15%。

(2)焊接

先焊接下弦杆焊缝,后焊接上弦杆焊缝。各焊缝均从桁架中心向两侧逐个对称施焊,最好是由两名焊工同时对称焊接。每条焊缝满焊。

5. 整形

由于钢桁架多是大尺寸薄壁空间结构,一旦发生变形,采用压力整形的方法矫正比较困难,因为难以确定着力点,杆件也往往在外力去除后发生反弹,还会使变形在结构内传递。为此,预防变形尤为重要。对于依旧存在的残余变形,可以通过火焰矫正的方法进行整形。如图 3.8 所示。

3.4 建筑钢结构的质量检验

如前所述的梁、桁架等建筑钢结构,焊后质量检验主要有如下几点:

(1)焊缝质量无缺陷

如前所述,建筑钢结构多选用低碳钢、低合金钢焊接,采用的焊接方法有焊条焊、二氧化碳气体保护焊等,常见的焊缝缺陷有焊不透、未熔合、气孔、夹渣、焊瘤、咬边等。通过选择合理的焊接工艺参数和合适的焊接位置能有效控制这些缺陷的产生。

(2)尺寸精度在公差范围内

包括长、宽、高、垂直度、平面度等。用直尺、直角尺、钢卷尺测量。在组装过程中、组装后、焊接后均需要测量,及时发现超差进行修正。

(3)整体变形量在允许范围内

包括挠曲、侧弯等。同样用直尺、直角尺、钢卷尺测量。

3.5 典型建筑钢结构的制作

本节选择一种18 m长的角钢屋架为例,如书后插页图所示。表3.3是该屋架零件明细表。要求按照图纸所示结构和尺寸编制其生产制造工艺,并按照5∶1的比例制造出实物模型。

表3.3 18 m角钢屋架零件列表   mm

件号	截面规格	长度	数量	备注
1	∟75×6	10 090	4	拼接
2	∟56×5	17 240	2	拼接
3	∟40×4	810	2	
4	∟40×4	920	2	
5	∟30×4	2 096	8	
6	∟36×4	1 420	4	
7	∟40×4	950	2	
8	∟40×4	870	2	
9	∟30×4	4 600	4	
10	∟36×4	2 810	2	
11	—185×8	520	2	见插页图
12	—115×8	155	4	见插页图
13	—240×12	240	2	见插页图
14	—140×6	140	8	见插页图
15	—150×6	380	2	
16	—125×6	540	2	
17	—140×6	200	2	
18	—155×6	330	2	
19	—210×6	480	1	见插页图
20	—160×6	240	1	
21	—50×6	75	22	
22	—50×6	60	29	
23	∟110×70×6	120	28	

第4章 压力容器的焊接工艺设计与制作

4.1 压力容器简介

容器按所承受的压力大小分为常压容器和压力容器两大类。压力容器和常压容器相比,不仅在结构上有较大的差别,而且在设计原理方面也不相同,应该指出的是,所谓压力容器和常压容器的划分是人为规定的。一般泛指最高工作压力 $p_w \geqslant 0.1$ MPa(p_w 不包括液体静压力),用于完成反应、换热、吸收、萃取、分离和储存等生产工艺过程,并能承受一定压力的密闭容器称为压力容器。另外,受外压(或负压)的容器和真空容器也属于压力容器。

4.1.1 压力容器的分类

压力容器的分类方法有多种。归结起来,常用的分类方法有如下几种。

1. 按制造方法分类

根据制造方法的不同,压力容器可分为焊接容器、铆接容器、铸造容器、锻造容器、热套容器、多层包扎容器和绕带容器等。

2. 按承压方式分类

内压容器和外压容器。

3. 按设计压力分类

低压容器(代号 L):0.1 MPa$\leqslant p<1.6$ MPa;

中压容器(代号 M):1.6 MPa$\leqslant p<10$ MPa;

高压容器(代号 H):10 MPa$\leqslant p<100$ MPa;

超高压容器(代号 U):$p \geqslant 100$ MPa。

4. 按容器的设计温度分类

低温容器:$T_{设} \leqslant -20℃$;

常温容器:$-20℃ < T_{设} < 150℃$;

中温容器:$150℃ < T_{设} < 400℃$;

高温容器:$T_{设} \geqslant 400℃$。

5. 按容器的制造材料分类

钢制容器、铸铁容器、有色金属容器和非金属容器等。

6. 按容器外形分类

圆筒形容器,球形容器,矩形容器和组合式容器等。

7. 按容器的使用方式分类

固定式容器和移动式容器。

8. 根据容器的压力高低、容积大小、使用特点、材质、介质的危害程度以及它们在生产过程中的重要性及便于安全技术监察和管理,"容规"将容器分为一、二、三类。

9. 按压力容器在生产工艺过程中的作用原理分类

按压力容器在生产工艺过程中的作用原理分反应压力容器、换热压力容器、分离压力容器、储存压力容器。具体划分如下:

①反应压力容器(代号 R):主要是用于完成介质的物理、化学反应的压力容器,如反应器、反应釜、合成塔、变换炉、蒸煮锅、蒸球、蒸压釜、煤气发生炉等。

②换热压力容器(代号 L):主要是用于完成介质的热量交换的压力容器,如管壳式余热锅炉、热交换器、冷却器、冷凝器、加热器、消毒锅、染色器、烘缸、蒸炒锅、预热锅、溶剂预热器、蒸锅、蒸脱机、电热蒸汽发生器、煤气发生炉水夹套等。

③分离压力容器(代号 S):主要是用于完成介质的流体压力平衡缓冲和气体分离的压力容器,如分离器、过滤器、集油器、缓冲器、洗涤器、吸收塔、铜洗塔、干燥塔、汽提塔、分汽缸、除氧器等。

④储存压力容器(代号 C,其中球罐代号 B):主要是用于储存、盛装气体、液体、液化气体等介质的压力容器,如各种型式的储罐。

在一种压力容器中,如同时具备两个以上的工艺作用原理时,应按工艺过程中的主要作用来划分品种。

4.1.2 压力容器的工作条件

安全可靠性是压力容器在设计、制造中首要考虑的问题。要想从制造角度出发确保压力容器的质量,使之在使用中安全可靠,了解压力容器在使用中操作条件特点是十分必要的。压力容器操作条件主要包括压力、温度和介质。

1. 压力

容器内介质的压力是压力容器在工作时所承受的主要外力。

(1)表压力

压力容器中的压力是用压力表测量的,压力表上所表示的压力为表压力,实际上是容器内介质压力超过环境大气压力的压力差值。

(2)最高工作压力

最高工作压力是指在正常操作情况下,容器顶部可能产生的最高工作压力(指表压)。它不包括液体静压力。

(3)设计压力

设计压力是指在相应设计温度下,用以计算容器壳体壁厚及其元件尺寸的压力。设计压力和设计温度的配合是设计容器的基本依据。其值不得小于最高工作压力,一般应略高于最高工作压力。

2. 温度

容器的设计温度是指在正常操作情况下,在相应的设计压力条件下,壳壁或受压元件可能达到的最高或最低($\leqslant -20\ ℃$)温度。

压力容器的设计温度并不一定是其内部介质可能达到的温度。由于容器材料的选用与设计温度有关,从上面得知,容器设计温度是指壳体的设计温度,所以设计温度是压力容器材料选用的主要依据之一。

3. 介质

压力容器在生产过程中所涉及的工艺介质品种繁多复杂。其使用安全性与内部盛装的介质密切相关。我们关心的主要是它们的易燃、易爆、毒性程度和对材料的腐蚀等性质,比如说光气,只要发生一点点泄漏,就有可能致死人命,所以在压力容器制造中,从使用安全性出发,应将容器内部介质状况作为重点考虑因素之一。

4.1.3 压力容器的基本构成

压力容器的结构形式多种多样,它是根据容器的作用、工艺要求、加工设备和制造方法等因素确定的。最常见的是圆筒形容器和球形容器。

容器的结构由承受压力的壳体、连接体、密封元件和支座等主要部件组成。此外,作为一种生产工艺设备,有些压力容器,如用于化学反应、传热、分离等工艺过程的压力容器,其壳体内部还装有工艺所要求的内件。因为内件不直接影响压力容器强度,这里不作介绍。

1. 壳体

壳体是压力容器最主要的组成部分,贮存物料或完成化学反应所需要的压力空间,其形状有圆筒形、球形、锥形和组合形等数种,但最常见的是圆筒形和球形两种。

圆筒形壳体。其形状特点是轴对称,圆筒体是一个平滑的曲面,应力分布比较均匀,承载能力较高,且易于制造,便于内件的设置和装卸,因而获得广泛的应用。圆筒形壳体由一个圆柱形筒体和两端的封头或端盖组成。

球形壳体。容器壳体呈球形,又称球罐。其形状特点是中心对称,具有以下优点:受力均匀。在相同的壁厚条件下,球形壳体的承载能力最高,即在相同的内压下,球形壳体所需要的壁厚最薄,仅为同直径、同材料圆筒形壳体的1/2(不计腐蚀裕度);在相同容积条件下,球形壳体的表面积最小。如制造相同容积的容器,球形的要比圆筒形的节约30%~40%的钢材。此外,表面积小,对于用做需要与周围环境隔热的容器,还可以节省隔热材料或减少热的传导。所以,从受力状态和节约用材来说,球形是压力容器最理想的外形。但是,球形壳体也存在某些不足:一是制造比较困难,工时成本较高,往往要采用冷压或热压成形。二是球形壳体用于反应、传质或传热时,既不便于内部安装工艺内件,也不便于内部相互作用的介质的流动。由于球形壳体存在上述不足,所以其使用受到一定的限制,一般只用于中、低压的贮装容器,如液化石油气贮罐、液氨贮罐等。

其他形状的壳体,如锥形壳体,因为用得较少,故不作介绍。

2. 连接件

压力容器中的反应、换热、分离等容器,由于生产工艺和安装检修的需要,封头和筒体需采用可拆式连接时就要使用连接件。此外,容器的接管与外部管道连接也需要连接件。所以,连接件是容器及管道中起连接作用的部件,一般均采用法兰螺栓连接结构。

法兰通过螺栓起连接作用,并通过拧紧螺栓使垫片压紧而保证密封。用于管道连接和密封的法兰叫管法兰;用于容器端盖和筒体连接和密封的法兰叫容器法兰。在高压容器中,用于端盖与筒体连接,并和筒体焊在一起的容器法兰又称筒体端部。容器法兰按其结构分为整体式、活套式和任意式三种。

3. 密封元件

密封元件是可拆连接结构的容器中起密封作用的元件。它放在两个法兰或封头与筒体端部的接触面之间,借助于螺栓等连接件的压紧力而起密封作用。根据所用材料不同,密封元件分为非金属密封元件(如石棉橡胶板、橡胶 O 形环、塑料垫、尼龙垫等)、金属密封元件(如紫铜垫、不锈钢垫、铝垫等)和组合式密封元件(如铁皮包石棉垫、钢丝缠绕石棉垫等)。按截面形状的不同可分为平垫片、三角形与八角形垫片、透镜式垫片等。

不同的密封元件和不同的连接件相配合,就构成了不同的密封结构。用于压力容器的密封结构主要有:平垫密封、双锥密封、伍德密封、卡扎里密封、楔形环密封、C 形环密封、O 形环密封、B 形环密封等,是压力容器的一个相当重要的组成部分。其完善与否不但影响到整个容器的结构、重量和制造成本,而且关系到容器投产后能否正常运行。

4. 管、开孔及其补强结构

(1) 接管

接管是压力容器与介质输送管道或仪表、安全附件管道等进行连接的附件。常用的接管有三种型式,即螺纹短管、法兰短管与平法兰。

(2) 开孔

为了便于检查、清理容器的内部,装卸、修理工艺内件及满足工艺的需要,一般压力容器都开设有手孔和人孔。手孔的大小要使人的手能自由通过,并考虑手上还可能握有装拆工具和供安装的零件。一般手孔的直径不小于 150 mm。对于内径≥1 000 mm 的容器,如不能利用其他可拆除装置进行内部检验和清洗时,应开设人孔,人孔的大小应使人能够钻入。手孔和人孔的尺寸应符合有关标准的规定。手孔和人孔有圆形和椭圆形两种。椭圆孔的的优点是容器壁上的开孔面积可以小一些,而且其短径可以放在容器的轴向上,这就减小了开孔对容器壁的削弱。对于立式圆筒形容器来讲,椭圆形人孔也适宜人的进出。

(3) 开孔补强结构

容器的筒体或封头开孔后,不但减小了容器的受力面积,而且还因为开孔造成结构不连续而引起应力集中,使开孔边缘处的应力大大增加,孔边的最大应力要比器壁上的平均应力大几倍,对容器的安全行为极为不利。为了补偿开孔处的薄弱部位,就需进行补强措施。开孔补强方法有整体补强和局部补强两种。前者采用增加容器整体壁厚的方式来提高承载能力,这显然不合理;后者则采用在孔边增加补强结构来提高承载能力。容器上的开孔补强一般均用局部补强法,其原理是等面积补强,即使补强结构在有效补强范围内,所增加的截面积≥开孔所减少的截面积,局部补强常用的结构有补强圈、厚壁短管和整体锻造补强等数种。

5. 支座

支座对压力容器起支承和固定作用。用于圆筒形容器的支座,随圆筒形容器安装位置不同,有立式容器支座和卧式容器支座两类。此外,还有用于球形容器的支座。

4.1.4　压力容器制造的基本要求

压力容器是在一定温度和压力下工作且介质异常复杂的一种特殊设备。它广泛应用于石油化工、医药、轻工、军事及科研等各个领域。随着生产和工业技术的不断发展,其操作条件向高温、高压或低温发展,加上介质的复杂多变,不少容器具有易燃、易爆、剧毒等特点,危险性更加显著。所以一旦发生破坏,就会带来灾难性的恶果,造成重大的人身伤害和财产损失。

20世纪80年代以后,由于国务院发布了《锅炉压力容器安全监察暂行条例》和原劳动部制定的《压力容器安全监察规程》,我国压力容器安全工作有了较大进展,容器的制造质量得到了有序的控制和提高,但从目前看,压力容器安全问题还相当严峻,进一步控制压力容器的制造质量,使压力容器破坏性事故减少到最低程度仍是当务之急。必须遵循压力容器制造的各项基本要求,使压力容器百分之百地安全投入使用。

1. 严格贯彻压力容器制造许可证制度

针对一台压力容器而言,根据其结构的复杂程度和工作条件的苛刻程度,其制造的难度也大不相同。为此,在《压力容器制造单位资格认可和管理规则》中规定,对承担压力容器制造的单位根据其能力和实力划分了多个等级。要想生产制造压力容器产品,制造厂必须创造条件,接受安全监察部门的审查,取得相应级别的压力容器制造许可证,按照批准的范围生产压力容器。未经取证批准或超过批准范围生产压力容器是绝对不允许的、非法的,一经查出,将严肃处理。贯彻执行压力容器制造许可证制度从管理体系上规范了容器制造业的行为,这是确保压力容器制造质量的根本前提,也是对压力容器制造的最基本的要求。制造许可证并不是一劳永逸的。为了保证其持续有效性,隔一段时间还要进行换证审查,国内国外都是如此。

2. 严格执行和遵守各项法规和标准

《压力容器安全技术监察规程》和GB 150《钢制压力容器》是压力容器制造必须遵循的根本大法,以它们为核心又制定了一系列"规程"、"规则"、"标准"等技术性、管理性法规和标准。如:GB 151《管壳式换热器》、GB 12337《钢制球形储罐》、《气瓶安全监察规程》、《锅炉压力容器压力管道焊工考试与管理规则》、《锅炉压力容器无损检测人员资格鉴定考核规则》、JB 4708《钢制压力容器焊接工艺评定》、JB 4730《压力容器无损检测》、JB 4744《钢制压力容器产品焊接试板的力学性能检验》等。这些标准和法规以及图纸和产品技术条件要求、制造工艺、焊接工艺评定报告一系列文件都是压力容器制造的基本依据,严格按其制造是防止粗制滥造,确保压力容器制造质量的关键。

3. 要具有一定的制造能力、实力和基本条件

对一个制造单位来讲,所谓能力和实力,主要是指具有一定技术素质的人员、技术力量和相应的工艺装备,而基本条件是指是否有一定的生产场地、设备和相应的设施(如焊条库等)。如果没有一定的工艺装备或设备能力很差,就无法制造出符合要求的容器产品。同样,只有装备和设备,而缺少一支有制造经验的人员和技术力量(包括技术人员和技工)的队伍,也不能承担压力容器的制造。所以,在《压力容器制造单位资格认可和管理规则》中,对制造厂必须具备的基本条件都做出了相应的规定。这就是对压力容器制造要求的硬件条件。

4. 要具有完善的压力容器质量保证体系

压力容器制造单位要建立完善的压力容器质量保证体系,这是保证生产出合格的压力容器产品至关重要的条件之一。因此作为一个压力容器制造厂应编制出符合自己运作情况的《质量保证手册》,为保证《质量保证手册》的贯彻实施,还要制定出一系列与之相配套的管理制度、程序文件和工艺守则等企业标准。这就是对一个压力容器制造厂所提出的必要的软件条件要求。

5. 以上仅是对压力容器制造所提出的最基本最起码的要求

当然为了能生产出高质量、高水平的压力容器产品,仅做到这些是远远不够的。还要根据自己单位的实际情况和特点,进行 ISO9000 认证,开展科研攻关和新产品开发,大搞技术革新和技术进步,进行必要的机制改革,不断完善自我,只有这样才能不断进步,在压力容器制造业中立于不败之地。

4.1.5 压力容器相关标准

GB 150 《钢制压力容器》

GB 151 《管壳式换热器》

GB 12337 《钢制球形储罐》

GB 6654 《压力容器用钢板》

GB/T 228 《金属拉伸试验方法》

GB/T 229 《金属材料夏比摆锤冲击试验方法》

GB/T 232 《金属弯曲试验方法》

GB/T 324 《焊缝符号表示法》

GB/T 4237 《不锈钢热轧钢板》

GB 713 《锅炉用钢板》

GB/T 983 《不锈钢焊条》

GB/T 984 《堆焊焊条》

GB/T 5117 《碳钢焊条》

GB/T 5118 《低合金钢焊条》

GB/T 5293 《埋弧焊用碳钢焊丝和焊剂》

GB/T 985 《气焊、手工电弧焊及气体保护焊焊缝坡口的基本形式与尺寸》

JB/T 4730 《压力容器无损检测》
JB/T 4708 《钢制压力容器焊接工艺评定》
JB/T 4709 《钢制压力容器焊接规程》
JB/T 4744 《钢制压力容器产品焊接试板的力学性能检验》
GB/T 3323 《金属熔化焊焊接接头射线照相》

4.2 压力容器的生产制造工艺流程

压力容器的焊接生产制造是从焊接生产的准备工作开始的,它包括结构的工艺性审查、工艺方案和工艺规程设计、工艺评定、编制工艺文件和质量保证文件、定购原材料和辅助材料、外购和自行设计制造装配-焊接设备和装备;然后从材料确认真正开始压力容器的焊接生产制造工艺过程,包括材料复验入库、备料加工、装配-焊接、质量检验、成品验收;其中还穿插返修、涂饰和喷漆;最后合格产品入库、出厂检验。图4.1为某厂圆筒形压力容器的生产制造工艺流程图。

4.2.1 备 料

1. 放样、画线、号料

放样是在结构制造前,按设计图纸,在放样平台上用1:1比例绘出结构图,其目的是:

①检查设计图纸的正确性,包括零部件的尺寸以及它们之间的配合。

②确定零件毛坯的下料尺寸,许多曲面构件毛坯需考虑钣金展开,而且不同焊缝还需放出不同的收缩量。

③制作样板。对于批量生产制作样板可减轻划线工作量;在复杂及曲面构件制造时,其外形尺寸可用样板来检验。

划线是将待加工零件毛坯尺寸划在金属上。而所谓号料即是工厂把零件的展开图用样板配置在钢板上的过程,实际上就是划线的具体操作。

为保证加工的零件或结构有足够的精度,划线必须准确,排料要合理,使原材料得以充分利用(应达90%以上)。将边角废料降到最低限度,也应留出必要的余量,以便于切割、加工和焊缝收缩;对于多零件拼焊设备,划线时还应考虑到设备组装和焊接时的技术要求,使焊缝配置合理,图4.2为设备筒体划线方案示意图,相邻纵缝应按规定保持间距,划线、号料经检验员严格检查后,打上标明产品工号、零件号及材料转移等钢印标记。

2. 下料

将毛坯按所划线条从金属材料上切割下来,称为下料,切割金属的方法可以分成机械切割和热切割两类。

(1)机械切割

机械切割是最常用的切割方法,它包括普通锯床、砂轮锯、联合冲剪机、冲床、振动剪床、圆盘剪床和闸门式剪床等。图4.3~4.6为各剪床工作示意图。

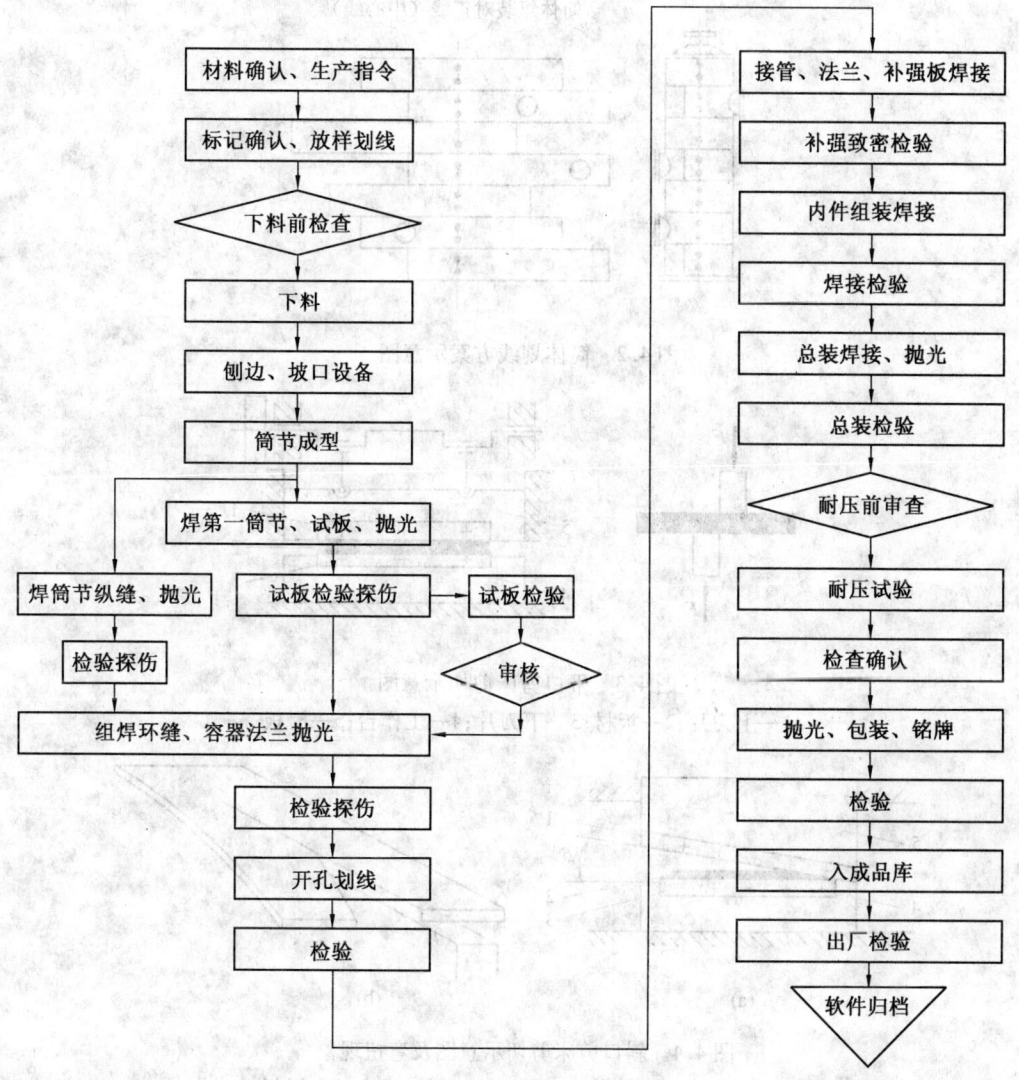

图 4.1 压力容器的生产制造工艺流程图

锯切主要用于管子和型材的切断。联合冲剪机可以用于型材、棒料和板材的剪切,还可冲孔,对于小批量多品种生产的工厂最为合适,常用联合冲剪机。

振动剪床可用于 4 mm 以下薄板的曲线和直线剪切。圆盘剪除了可以切断直线以外,也能剪切圆弧及其他曲线形薄板零件,切割板厚最大可达 20~25 mm,结构有一个圆盘和两个圆盘两种。

用得最多的是闸门式剪板机,用于板材的直线剪切,它分为平口式和斜口式两种,切割厚度最大可达 40 mm,剪板宽度一般为 1.5~2.5 m。

(2)热切割

热切割包括氧-乙炔焰切割、等离子切割、电弧切割和激光切割等,通常比机械切割的生产率低,经济性差,但可切割的厚度大,切割零件的几何形状没有限制,并可同时开出

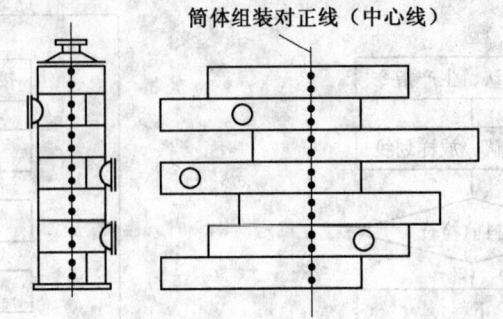

图 4.2 筒体划线方案示意图

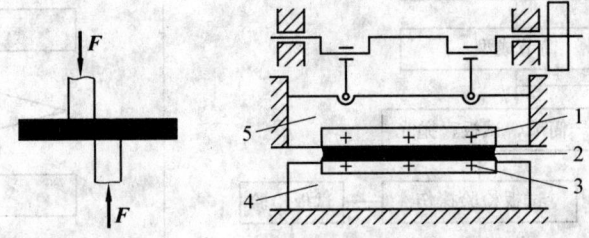

图 4.3 平口剪床剪切示意图
1—上刀片;2—板材;3—下刀片;4—工作台;5—滑板

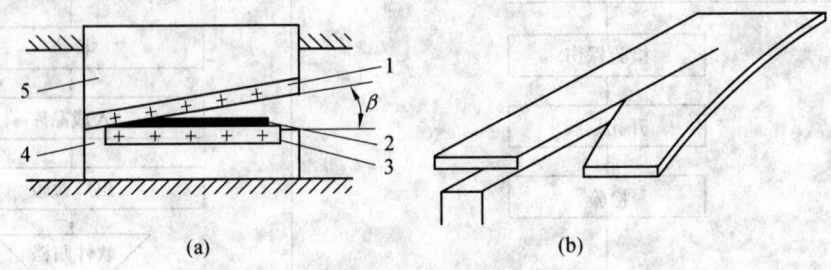

图 4.4 斜口剪床剪切示意图及弯扭现象
1—上刀片;2—板材;3—下刀片;4—工作台;5—滑板

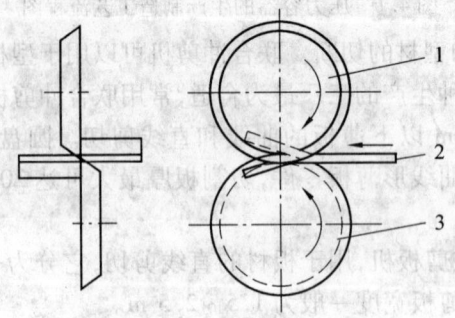

图 4.5 圆盘剪工作图
1—上圆盘剪刀;2—板料;3—下圆盘剪刀

坡口。

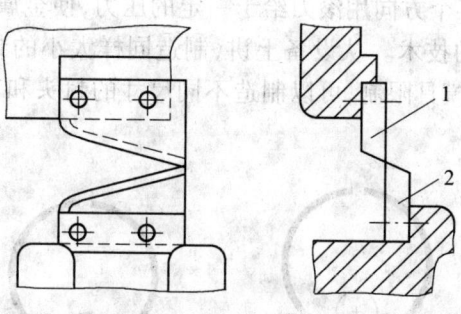

图 4.6 振动剪床工作部分
1—上剪刀；2—下剪刀

氧-乙炔焰切割应用最为广泛,切割厚度由很薄到 100 mm 以上。等离子弧切割是利用温度高达 18 000 ~ 30 000 K 的等离子焰流,将工件局部熔化并冲刷掉而形成割缝,它可切割用一般气割方法不能切割的不锈钢、有色金属等。目前不锈钢可切割厚度达 180 mm,铝合金可切割的厚度达 250 mm。现在发展的空气等离子弧切割,成本较低,可用于代替氧-乙炔焰切割低碳钢、低合金钢,也可用于不锈钢、有色金属等的切割。

4.2.2 成 形

1. 冲压成形

压力容器的封头,除了大型锻件平封头是由锻造厂供应毛坯外,其他型式的封头,如球封头、椭圆形封头等大多采用冲压成形,如图 4.7 所示。此外,大直径厚壁封头瓣片、筒节瓦片,也可冲压成形。

2. 卷制成形

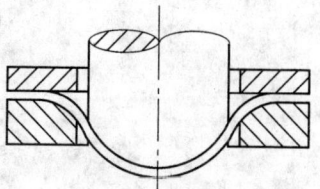

图 4.7 封头的冲压

卷制成形是单层卷焊式压力容器筒节制造的主要工艺手段。卷制成形是将钢板放在卷板机上进行滚卷筒节,图 4.8 为三辊及四辊弯板机辊轴位置图。卷制成形的优点为:成形连续,操作简便、快速、均匀。筒节的弯卷过程是钢板的弯曲塑性变形过程。成形过程分冷态和热态进行。在冷态还是热态下进行,主要决定于要求被弯曲钢材变形的大小。大多数金属材料的弯曲及成形是在冷态下进行的,其冷弯曲相对变形量不大于 2%。为防止发生脆裂,与冷矫正一样规定了冷弯的最低温度。

热成形和弯曲的加热温度为 1 000 ~ 1 100 ℃。普通碳素结构钢温度下降到 500 ~ 550 ℃ 之前,低合金结构钢温度下降到 800 ~ 850 ℃ 之前,应结束加工,并使工件缓慢冷却,以免出现裂纹。

3. 旋压成形

大型封头的整体冲压有很多弊端。需要吨位大、工作台面宽的大型水压机;大型模具和冲环制造周期长,耗费材料多,造价高。即使采用分片冲压,也由于瓣片组焊工作量大,既费时间,质量也不易保证。而且大型封头往往是单件生产,采取冲压法制造,成本很高。

因此,大型封头或薄壁封头适宜用旋压法制造。旋压成形是工件通过旋转使之受力由点到线、由线到面,同时在某个方向用滚刀给予一定的压力,使金属材料沿着这一方向变形和流动而形成某一形状的技术。从设备上讲,制造同样大小的封头,旋压机是水压机的25%。同时,旋压法不受模具限制,可以制造不同尺寸的封头和其他回转体工件。图4.9是封头的无模旋压。

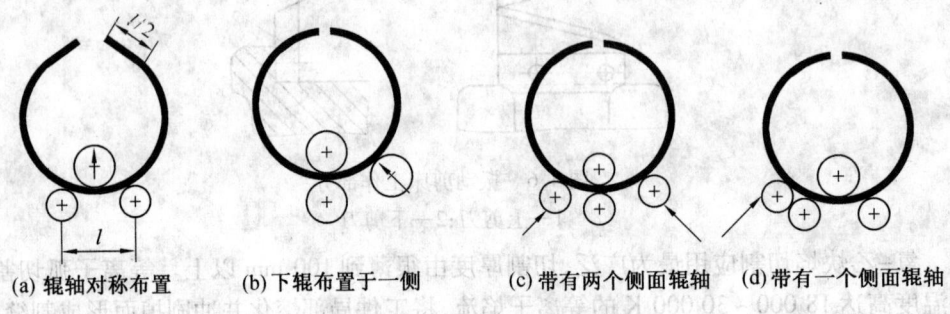

(a) 辊轴对称布置　　(b) 下辊布置于一侧　　(c) 带有两个侧面辊轴　　(d) 带有一个侧面辊轴

图4.8　三辊及四辊弯板机辊轴位置图

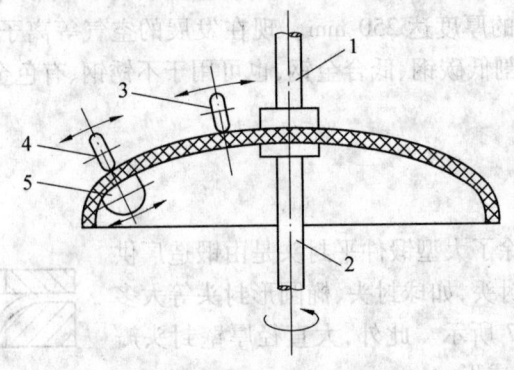

图4.9　封头的无模旋压

1—上主轴;2—下主轴;3—外旋辊Ⅰ;4—外旋辊Ⅱ;5—内旋辊

4. 弯制成形

(1) 筒体

大型厚壁容器的筒节成形也可以采用压弯机进行弯制。即将筒节分成两个瓦片下料,经压弯成形后,将直边部分割去。压弯工作在2个支点间进行,由上模之冲程决定弯曲半径的大小,而此冲程可由电子仪器控制并显示。工件由压弯机一侧送入,每次送进150~300 mm,直至达到钢板中心为止,然后调头将钢板另一端送入压弯机,直至将未压弯的一半全部压弯。

(2) 型材

大型薄壁压力容器由于规格尺寸大,刚性差,通常都需要在壳壁内外部位用型材来进行支撑、加固。型材有角钢、槽钢、工字钢、T形钢及扁钢,将这些型材在弯曲机上弯制成圈状零件,弯制过程可分别在冷态或热态下完成。绝大部分工厂的弯制设备都是以技术革新方式自制的,既经济又实用,且大大减轻了工人的劳动强度。某些三辊卷板机也可用来弯卷多种规格的型材。

(3)管材

弯管和弯制管接头(又称管子弯头)作为石油化工设备中的承压元件,应用十分普遍。管子截面变形大小与相对弯曲半径 R_x 及相对壁厚 t_x 值有关。

$$R_x = R/D, \quad t_x = t/D$$

式中　　R——管子中心处弯曲半径;

　　　　D——管子外径;

　　　　t——管子壁厚。

常用弯管方法见表4.1。

表 4.1　常用的弯管方法

弯管方法		简图	设备	适用范围	备　注
压(顶)弯	自由弯管	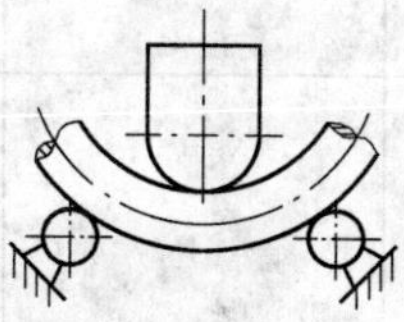	压力机或顶弯机	一般 $R_x > 10$ mm	1.冷压或热压; 2.管内加支撑或不加支撑
	带矫正	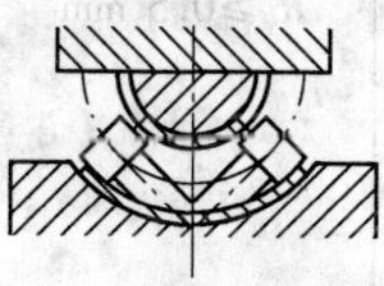		管内加特殊支撑时可用于 $R_x \geq 1$ mm	
滚弯		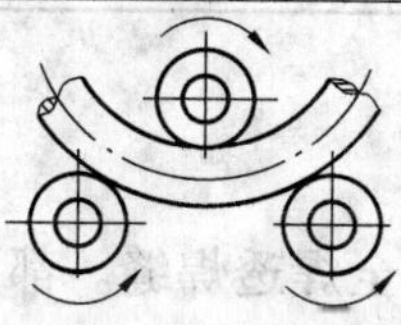	卷板机或滚弯装置	1. $R_x > 10$ mm; 2. 螺旋管	需带槽滚轮,冷弯
回弯	碾压式	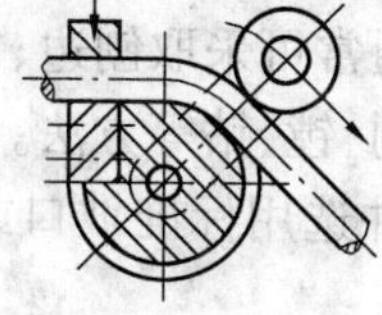	立式或卧式弯管机	冷弯: 无芯 $R_x \geq 1.5$ mm, $t_x \approx 0.1$ mm; 有芯 $R_x \geq 2$ mm; 热弯: 充砂 $R_x \geq 4$ mm	使用范围最广泛: 1.冷、热弯; 2.管内加支撑或不加支撑
	拉拔式	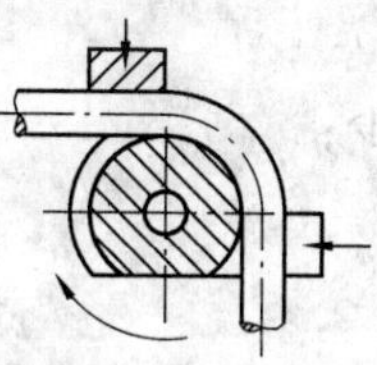			
推弯		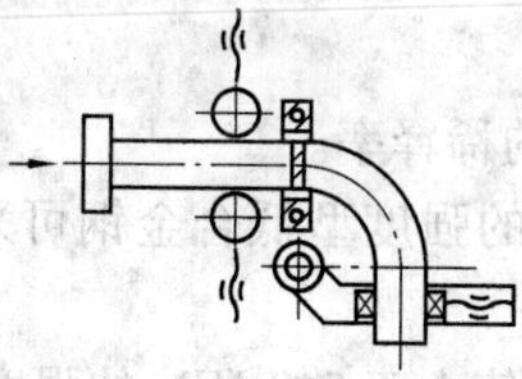	推弯机	1.大直径厚壁管; 2.单件小批量生产	1.外壁减薄小; 2.弯曲半径可调; 3.热弯; 4.不需模具

续表 4.1

弯管方法	简图	设备	适用范围	备注
挤弯 芯棒式		专用推挤机	$R_x \geq 1$ mm	热挤
型模式		压力机	$R_x \geq 1$ mm	冷挤
		专用挤压机	$R_x \geq 0.5$ mm	需加热预弯至 $R_x \leq 1.5$ mm，挤压后精整

4.2.3 坡口制备

压力容器承压壳体上的所有的 A、B 类焊缝均为全焊透焊缝。都要进行无损检测。为保证焊缝质量，坡口的制备显得十分重要。坡口形式由焊接工艺确定，而坡口的尺寸精度、表面粗糙度及清洁度取决于加工方法。筒体纵缝通常可采取刨边、铣边、车削加工、火焰切割等工艺手段来制备。壳壁开孔可采用气割、车削、镗、钻等方法。

实际生产中，焊接坡口应根据图样要求或工艺条件选用标准坡口或自行设计。选择坡口形式和尺寸应考虑下列因素：
① 焊接方法的适应性；
② 在保证使用性能的前提下，焊缝填充金属尽量少；
③ 避免产生焊接缺陷；
④ 能够减少焊接应力与变形；
⑤ 有利于焊接防护；
⑥ 焊工操作方便；
⑦ 复合钢板的坡口应有利于减少过渡焊缝金属的稀释率。

碳素钢和标准抗拉强度下限值不大于 540 MPa 的强度型低合金钢可采用冷加工方法，也可以采用热加工方法制备坡口。

耐热型低合金钢和高合金钢、标准抗拉强度下限值大于 540 MPa 的强度型低合金钢，宜采用冷加工方法制备坡口。如果采用热加工方法,对影响焊接质量的表面层,应用冷加工方法去除。

坡口应平整,不得有裂纹、分层、夹杂等缺陷。

坡口表面及两侧(以离坡口边缘的距离计:焊条电弧焊各 10 mm,埋弧焊、气体保护焊各 20 mm,电渣焊各 40 mm)应将水、铁锈、油污、积渣和其他有害杂质清理干净。

为防止粘附焊接飞溅,奥氏体高合金钢坡口两侧各 100 mm 范围内应刷涂料。

1. 刨边机加工坡口

采用刨边(或铣边)加工坡口的方式,在我国压力容器行业十分普遍。刨边机长度一般为 3～15 m,加工厚度为 60～120 mm。压力容器壳体焊缝坡口在下列情况下可选择刨边:

① 允许冷卷成形的纵焊缝、封头坯料拼接;
② 不锈钢、有色金属及复合板的纵焊缝;
③ 坡口形式不允许用气割方法制备的或坡口尺寸较精确的,如 U 形坡口、窄间隙坡口;
④ 其他不适宜采用热切割方法制备的坡口。

2. 立式车床加工坡口

对于大型厚壁、合金钢容器,大多采用热卷、温卷成形,其环缝坡口则可在立式车床上加工完成,其优点是对各类坡口形式都适宜,钝边直径尺寸精度高。钝边加工直径容易控制。又能保证坯缝装配组对准确。封头环缝及顶部中心开孔的坡口也可在立式车床上加工。国内一些大型锅炉、压力容器厂都配备有 5 m 立式车床,可加工筒节高度达 5 m。

3. 切割坡口

采用火焰切割方法制备坡口是目前压力容器行业广泛使用的最为经济的手段。在半自动或自动切割机上做双嘴或三嘴切割时,生产率成倍提高。采用双嘴切割 V 形坡口、三嘴切割 X 形坡口可一次割成,如图 4.10、图 4.11 所示。

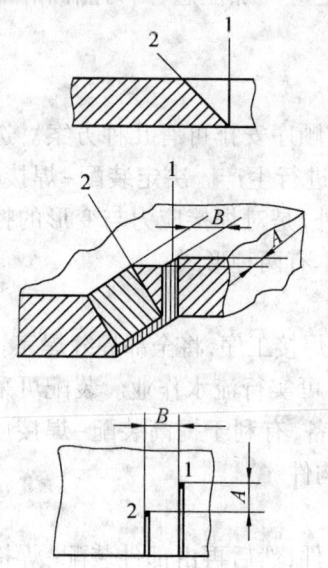
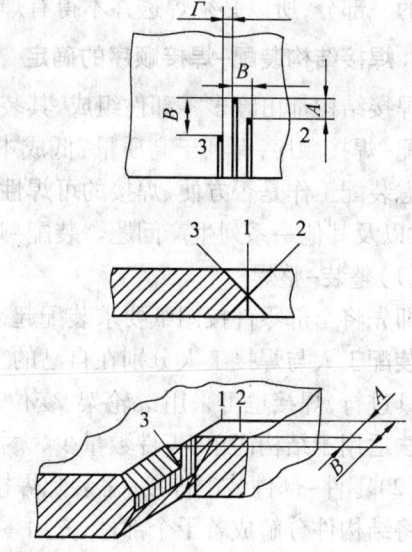

图 4.10 用两个割炬(1,2)切割 V 形坡口　　图 4.11 用三个割炬(1,2,3)切割 X 形坡口

4.2.4 装　配

焊接结构制造的装配工艺,是将组成结构的零件以正确的相互位置加以固定成组件、部件或结构的过程。它是焊接结构制造过程中的重要工序,工作繁重约占制造总工时的25%～35%,装配质量将直接影响到焊接质量,进而影响整个焊接结构的制造质量和生产效率。

同一种焊接结构,由于其生产批量、生产条件不同,或由于结构型式不同,可有不同的装配方式、不同的焊接工艺、不同的装配-焊接顺序,也就会有不同的工艺过程。所以在生产前也应很好地分析、选择最合理的装配工艺。

1. 焊接结构装配方法分类

装配方式可按结构的类型及生产批量等来分类,零件的固定用点固焊和装配夹具来实现。

(1)划线定位装配

将待装配零件按划好的装配位置线定位点固焊进行装配。可利用简单的螺旋夹紧器或楔形、凸轮夹紧器固定零件,只适于单件、小批量生产。

(2)定位器定位装配

将零件用定位器定位装卡进行装配,不需划线,装配效率高,质量高,适于批量生产。

(3)装配卡具定位装配

在装配卡具上将零件按顺序装配固定。效率高,质量好,适于批量及大批量生产。

(4)用安装孔装配

这种方法适用于有安装孔的结构在现场或工地装配。

用点固焊缝进行固定时,对点固焊缝的质量要多加注意,尤其是锅炉、压力容器、工程机械等重要结构,对接接头要求单面焊双面成形时,更应严加注意,因为点固焊缝是正式焊缝的一部分,所以必须焊透并不得有焊接缺陷。

2. 焊接结构装配-焊接顺序的确定

焊接结构都由许多零部件组成,其装配与焊接的顺序安排可有几种方案。选择合理的装配-焊接顺序,有利于高质量、低成本、高效率地进行生产。决定装配-焊接次序,首先考虑装配工作是否方便、焊接的可焊性及方法,此外,是对焊接应力与变形的控制是否有利,以及其他一系列生产问题。装配-焊接顺序基本有两种形式。

(1)整装-整焊

即先将全部零件按图纸要求装配起来,然后转入焊接工序,将全部焊缝焊完。此种类型是装配工人与焊接工人分别在自己的工位上工作,可实行流水作业。装配可采用装配胎卡具进行,焊接也可采用滚轮架、变位器等工艺装备,有利于提高装配-焊接质量。这种方法适用于结构简单、零件数量少、大批量生产的构件。

(2)零件-部件装配焊接-总装配焊接

将结构件分解成若干个部件,先由零件装配成部件,然后再由部件装配-焊接成结构件。这一方式适合批量生产,可实行流水作业,几个部件同步进行,有利于应用各种先进工艺装备,有利于控制焊接变形,有利于采用先进的焊接工艺方法。适用于可分解成若干个部件的复杂结构,如车辆底架、起重机卷扬车架、船体等。为此,焊接设计人员在进行结构设计时,尽量考虑使所设计的结构能分解出若干个部件,以利于组织生产。

由此可见,采用分部件装配-焊接法能显示较大的优越性,适合大多数产品的现代化生产。

3. 点固焊要求

(1)组对时,坡口间隙、错边量、棱角度等应符合规定。
(2)尽量避免强力组装,定位焊缝间隙要符合规定。
(3)焊接接头拘束度大时,推荐采用抗裂性能更好的焊条施焊。
(4)定位焊缝不得有裂纹,否则应清除重焊。如存在气孔、夹渣时也应去除。
(5)熔入永久焊缝内的定位焊缝两端应便于接弧,否则应予以修整。

4.2.5 焊 接

1. 焊工资格

《压力容器安全技术监察规程》中规定,焊接压力容器的焊工,必须按照《锅炉压力容器压力管道焊工考试与管理规则》进行考试,取得焊工合格证后,才能在有效期内担任合格项目范围内的焊接工作。焊工应按焊接工艺指导书或焊接工艺卡施焊。制造单位应建立焊工技术档案。制造单位检查员应对实际的焊接工艺参数进行检查,并做好记录。

2. 焊接工艺评定

焊接是制造压力容器的重要工艺,焊接质量在很大程度上决定了容器的制造质量。焊接工艺评定是压力容器焊接质量保证中不可缺少的重要环节之一。目前我国也已制定了多种焊接工艺评定标准,如 JB 4708《钢制压力容器焊接工艺评定》以及 GB/T 19869.1《钢、镍及镍合金的焊接工艺评定试验》等。这些标准基本上都是参照美国 ASME 锅炉与压力容器法规第 9 卷而编制的。国内专业技术标准将逐渐与国际标准接轨。本章所介绍内容基于 JB 4708《钢制压力容器焊接工艺评定》相关规定,至于我国有关工艺评定标准的学习和掌握,可结合工作实际来进行。

焊接工艺评定一般过程是:拟定焊接工艺指导书、施焊试件和制取试样、检验试件和试样、测定焊接接头是否具有所要求的使用性能、提出焊接工艺评定报告对拟定的焊接工艺指导书进行评定。焊接工艺评定验证施焊单位拟定的焊接工艺的正确性,并评定施焊单位能力。

压力容器焊接工艺评定的要求如下:

①压力容器产品施焊前,对受压元件之间的对接焊接接头和要求全焊透的 T 形焊接接头,受压元件与承载的非受压元件之间全焊透的 T 形和角接接头以及受压元件的耐腐蚀堆焊层都应进行焊接工艺评定。

②钢制压力容器的焊接工艺评定应符合 JB 4708《钢制压力容器焊接工艺评定》标准的有关规定。有色金属制压力容器的焊接工艺评定应符合有关标准的要求。

③焊接工艺评定所用焊接设备、仪表、仪器以及参数调节装置,应定期检定和校验。

评定试件应由压力容器制造单位技术熟练的焊接人员(不允许聘用外单位焊工)焊接。

④焊接工艺评定完成后,焊接工艺评定报告和焊接工艺指导书应经制造(组焊)单位焊接责任工程师审核,技术总负责人批准,并存入技术档案。表4.2和表4.3是JB 4708标准中推荐的焊接工艺指导书和焊接工艺评定报告表格。焊接工艺指导书或焊接工艺卡应发给有关的部门和焊工,焊接工艺评定技术档案及焊接工艺评定试样应保存至该工艺评定失效为止。

表4.2　焊接工艺指导书

单位名称			
焊接工艺指导书编号_____　日期____　焊接工艺评定报告编号_____			
焊接方法_____　机械化程度(手工、半自动、自动)_____			
焊接接头:　　　　　简图:(接头形式、坡口形式与尺寸、焊层、焊道布置及顺序) 坡口形式: 衬垫(材料及规格) 其他			
母材: 　类别号　　组别号　　　　与类别号　　组别号　　　相焊及 　标准号　　钢号　　　　　与标准号　　钢号　　　　相焊 厚度范围: 　母材:对接焊缝　　　　　　　　　　　角焊缝 　管子直径、壁厚范围:对接焊缝　　　　角焊缝 　焊缝金属厚度范围:对接焊缝　　　　　角焊缝 其他			
焊接材料:			
焊接类别			
焊材标准			
填充金属尺寸			
焊材型号			
焊材牌号(钢号)			
其他			

续表 4.2

耐蚀堆焊金属化学成分的质量分数/%											
C	Si	Mn	P	S	Cr	Ni	Mo	V	Ti	Nb	

其他：

焊接位置： 对接焊缝的位置 焊接方向：(向上、向下) 角焊缝位置 焊接方向：(向上、向下)	焊后热处理： 温度范围/℃ 保温时间/h
预热： 预热温度（ ）(允许最低值) 层间温度（ ）（ ） 保持预热时间 加热方式	气体： 气体种类　混合比　流量/(L·min⁻¹) 保　护　气　＿＿＿＿　＿＿＿＿ 尾部保护气　＿＿＿＿　＿＿＿＿ 背面保护气　＿＿＿＿　＿＿＿＿

电特性
电流种类：　　　　　　　　　　极性：
焊接电流范围/A：　　　　　　　电弧电压/V：

(按所焊位置和厚度,分别列出电流和电压范围,记入下表)

焊道/焊层	焊接方法	填充材料		焊接电流		电弧电压/V	焊接速度/(cm·min⁻¹)	线能量/(kJ·cm⁻¹)
		牌号	直径	极性	电流/A			

钨极类型及直径 熔滴过渡形式	喷嘴直径/mm 焊丝送进速度/(cm·min⁻¹)
技术措施： 摆动焊或不摆动焊： 焊前表面和层间清理： 单道焊或多道焊(每面)： 导电嘴至工件距离/mm 其他：	摆动参数： 背面清根方法： 单丝焊或多丝焊 锤击：

编制		日期		审核		日期		批准		日期	

表 4.3 焊接工艺评定报告

单位名称：	
焊接工艺评定报告编号：	焊接工艺指导书编号：
焊接方法：	机械化程度：(手工、半自动、自动)
接头简图：(坡口形式、尺寸、衬垫、每种焊接方法或焊接工艺、焊缝金属厚度)	
母材： 材料标准： 钢号： 类、组别号：　　与类、组别号：　　相焊 厚度： 直径： 其他：	焊后热处理： 热处理温度/℃： 保温时间/h： 保护气体： 气体种类　　混合比　　流量/(L·min^{-1}) 保　护　气　＿＿＿＿　＿＿＿＿ 尾部保护气　＿＿＿＿　＿＿＿＿ 背面保护气　＿＿＿＿　＿＿＿＿
填充金属： 焊材标准： 焊材牌号： 焊材规格： 焊缝金属厚度： 其他：	电特性： 电流种类： 极性： 钨极尺寸： 焊接电流/A： 电弧电压/V： 其他：
焊接位置： 对接焊缝位置：　方向：(向上、向下) 角焊缝位置：　方向：(向上、向下) 预热： 预热温度/℃： 层间温度/℃： 其他：	技术措施： 焊接速度/(cm·min^{-1})： 摆动或不摆动： 摆动参数： 多道焊或单道焊(每面)： 多丝焊或单丝焊： 其他：
拉伸试验	试验报告编号：

试样编号	试样宽度/mm	试样厚度/mm	横截面积/mm^2	断裂载荷/kN	抗拉强度/MPa	断裂部位和特征

续表 4.3

弯曲试验　　　　　　　　试验报告编号：

试样编号	试样类型	试样厚度/mm	弯曲直径/mm	弯曲角度/(°)	试验结果

冲击试验　　　　　　　　试验报告编号：

试样编号	试样尺寸	缺口类型	缺口位置	试验温度/℃	冲击吸收功/J	备注

金相检验（角焊缝）：
根部：(焊透、未焊透)　　　　　焊缝：(熔合、未熔合)
焊缝、热影响区：(有裂纹、无裂纹)　　　　　。

检验截面	Ⅰ	Ⅱ	Ⅲ	Ⅳ	Ⅴ
焊脚差/mm					

无损检验
RT：　　　　　　　　　　　UT：
MT：　　　　　　　　　　　PT：
其他

耐蚀堆焊金属化学成分的质量分数/%

C	Si	Mn	P	S	Cr	Ni	Mo	V	Ti	Nb

分析表面或取样开始表面至熔合线的距离/mm：

附加说明：

结论：本评定按 JB 4708—2000 规定焊接试件，检验试样，测定性能，确认试验记录正确。
评定结果：　　　　（合格、不合格）

焊工姓名		焊工代号		施焊日期			
编制		日期		审核		日期		批准		日期	
第三方检验							

3. 焊接工艺规程

焊接工艺规程是压力容器制造单位必须自行编制的重要工艺文件。工艺规程必须已经过焊接工艺评定验证其正确性和合理性。因此,编制焊接工艺规程的主要依据是相对应的焊接工艺评定报告。

焊接工艺规程是指导焊工按规范要求焊制产品焊缝的工艺文件。因此,一份完整的焊接工艺规程应当列出为完成符合质量要求的焊缝所必需的全部焊接工艺参数,除了规定直接影响焊缝力学性能的重要工艺参数以外,也应规定可能影响焊缝质量和外形的次要工艺参数。具体项目包括:焊接方法,母材金属类型及钢号,厚度范围,焊接材料的种类、牌号、规格,预热和后热温度,热处理方法和制度,焊接工艺电参数,接头形式及坡口形式,操作技术和焊后检查方法及要求。对于厚壁焊件或形状复杂的、易变形的焊件还应规定焊接顺序。图 4.12、表 4.4 和表 4.5 为企业生产的某换热器的焊接工艺规程中的一部分内容。

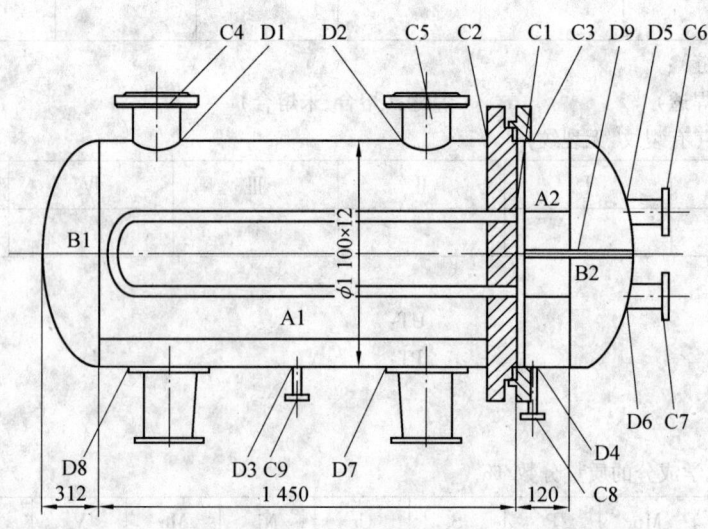

图 4.12 换热器示意图

4. 焊接材料

焊接材料是焊接时所消耗材料的统称,它包括焊条、焊丝、焊剂、气体等。焊条电弧焊的焊接材料是焊条。埋弧焊和电渣焊的焊接材料是焊丝(或板状电极)与焊剂。而气体保护焊的焊接材料则是焊丝与保护气体。

(1)焊接材料选用原则

①碳素钢、低合金钢的焊缝金属应保证力学性能,且其抗拉强度不应超过母材标准规定的上限加 30 MPa。

②耐热型低合金钢的焊缝金属在保证力学性能外,还应保证化学成分。

③高合金钢的焊缝金属应保证力学性能和耐腐蚀性能。

表 4.4 产品焊缝识别卡

XX公司

序号	焊缝号	母材钢号	母材厚度	焊缝形式	焊接方法	焊接材料	工艺评定号	页数	焊工持证项目	备注
1	A1	16MnR;16MnR	δ12;12	对接焊缝	SMAW	J507		1	SMAW-II-1(2,3)G-12-F3J	≥20% RT -X;III级
	A2	16MnR;16MnR	δ12;12	对接焊缝	SMAW	J507		1	SMAW-II-1(2,3)G-12-F3J	≥20% RT -X;III级
2	A1	16MnR;16MnR	δ12;12	对接焊缝	SMAW	J507		2	SMAW-II-1(2,3)G-12-F3J	≥20% RT -X;III级
	A2	16MnR;16MnR	δ12;12	对接焊缝	SMAW	J507		2	SMAW-II-1(2,3)G-12-F3J	≥20% RT -X;III级
3	C1	20;16MnR	φ19×2;δ68	强度焊	GTAW	TGS-50		3	GTAW-II-6FG-3/14-02	
4	C2	16MnR;16MnR	δ68;12	组合焊缝	SMAW	J507		4	SMAW-II-6FG-12/45-F3J	
5	C3	16MnR;-6MnR	δ64;12	组合焊缝	SMAW	J507		5	SMAW-II-1(2,3)G-12-F3J (SMAW-II-6FG-12/45-F3J)	
6	C4	20;16MnR	φ245×8	角焊缝	SMAW	J507		6	SMAW-II-1(2,3)G-12-F3J (SMAW-II-6FG-12/45-F3J)	
		20;16MnR	φ245×8	角焊缝	SMAW	J507		6	SMAW-II-1(2,3)G-12-F3J (SMAW-II-6FG-12/45-F3J)	
		20;16MnR	φ25×3.5;δ16	角焊缝	SMAW	J507		6	SMAW-II-1(2,3)G-12-F3J (SMAW-II-6FG-12/45-F3J)	

续表 4.4

序号	焊缝号	母材钢号	母材厚度	焊缝形式	焊接方法	焊接材料	工艺评定号	页数	焊工持证项目	备注
7	C6	20;16MnR	φ133×6;δ22	角焊缝	SMAW	J507		7	SMAW-II-1(2,3)G-12-F3J (SMAW-II-6FG-12/45-F3J)	
	C7	20;16MnR	φ133×6;δ22	角焊缝	SMAW	J507		7	SMAW-II-1(2,3)G-12-F3J (SMAW-II-6FG-12/45-F3J)	
		20;16MnR	φ25×3.5;δ16	角焊缝	SMAW	J507		7	SMAW-II-1(2,3)G-12-F3J (SMAW-II-6FG-12/45-F3J)	
8	D1	20;16MnR	φ245×8;δ12	组合焊缝	SMAW	J507		8	SMAW-II-6FG-12/45-F3J	
	D2	20;16MnR	φ245×8;δ12	组合焊缝	SMAW	J507		8	SMAW-II-6FG-12/45-F3J	
	D3	20;16MnR	φ25×3.5;δ12	组合焊缝	SMAW	J507		8	SMAW-II-6FG-12/45-F3J	
9	D4	20;16MnR	φ25×3.5;δ12	组合焊缝	SMAW	J507		9	SMAW-II-6FG-12/45-F3J	
	D5	20;16MnR	φ133×6;δ12	组合焊缝	SMAW	J507		9	SMAW-II-6FG-12/45-F3J	
	D6	20;16MnR	φ133×6;δ12	组合焊缝	SMAW	J507		9	SMAW-II-6FG-12/45-F3J	
10	D7	20;16MnR	δ12;12	角焊缝	SMAW	J507		10	SMAW-II-1(2,3)G-12-F3J (SMAW-II-6FG-12/45-F3J)	
	D8	20;16MnR	δ12;12	角焊缝	SMAW	J507		10	SMAW-II-1(2,3)G-12-F3J (SMAW-II-6FG-12/45-F3J)	
11	D9	Q235-A;16MnR	δ10;12	角焊缝	SMAW	J507		11	SMAW-II-1(2,3)G-12-F3J (SMAW-II-6FG-12/45-F3J)	

本产品焊接工艺卡共 11 页   编制   日期   审核   日期

表 4.5 焊接工艺卡

工件号		产品名称	后冷却器	图号		工艺评定号	SMAW-II-1(2,3,)G-12-F3J
母材		16MnR;16MnR		结点图		焊工资格	
焊接材料	焊条	J507				序号	施焊要求
	焊丝					1	焊前将待焊区域及附近 20 mm 范围内的水分、油污及脏物去除干净
	焊剂					2	焊缝余高 e≤1.8
焊条烘烤温度/℃		350~400				3	注意根部焊透;背面余高 e≤1.5
焊剂烘烤温度/℃						4	焊缝外观检验合格,筒体进行≥20% X-RT 射线探伤,按 JB4730—94 III 级合格
清根手段		碳刨;砂轮					
预热温度							
预热方法							
层间温度							
焊后热处理							
焊条烘烤时间		1~2 h					

结点图:60°±5°,2.5±0.5,1.5±0.5,板厚12

续表 4.5

焊接方法	电流/A	电压/V	速度/(mm·min^{-1})	焊条直径/mm	焊丝直径/mm	钨丝直径/mm	喷嘴直径/mm	氩气流量/(L·min^{-1})	电源种类和极性
SMAW(点)	100~120	25~28	120~160	φ3.2					直流反接
SMAW	100~120	25~28	120~160	φ3.2					直流反接
SMAW	150~170	28~30	160~180	φ4.0					直流反接
SMAW	180~220	30~32	180~220	φ5.0					直流反接
									编制
									日期
									审核
									日期

焊接规范参数

④不锈钢复合钢基层的焊缝金属应保证力学性能,且其抗拉强度不应超过母材标准规定的上限值加 30 MPa;复层的焊缝金属应保证耐腐蚀性能,当有力学性能要求时还应保证力学性能。复层焊缝与基层焊缝以及复层焊缝与基层钢板的交界处宜采用过渡焊缝。

⑤不同强度钢号的碳素钢、低合金钢之间的异种钢焊缝金属应保证力学性能,且其抗拉强度不应超过强度较高母材标准规定的上限值。

⑥奥氏体不锈钢与碳素钢、低合金钢之间的异种钢焊缝金属应保证抗裂性能和力学性能。宜采用铬镍含量较高的奥氏体不锈钢焊材。

表 4.6 是 JB 4709《钢制压力容器焊接规程》常用钢号推荐选用的焊接材料。

(2)焊接材料的质量要求

①焊接材料应满足图样的技术要求,并按 JB4708 的规定通过焊接工艺评定。

②焊接材料应有产品质量证明书,并符合相应标准的规定。施焊单位按质量保证体系规定验收和复验,合格后方准使用。

③焊接材料熔敷金属硫含量规定应与母材一致。

5. 焊接设备

(1)焊接电源选择原则

一般可从以下几个方面来选择电焊机:

①焊接电流的种类;

②焊接工艺方法;

③弧焊电源的功率;

④工作条件和节能要求。

(2)动力线、熔断器、开关器件和焊接电缆的选择

动力线一般选用耐压等级为交流 500 V 的电缆。室外安装时必须能耐日晒雨淋;室内使用时必须有更好的绝缘;电焊机经常需要移动时应选用柔软的多芯电缆;固定用电焊机可用单芯电缆。

选择焊接电缆时,应考虑耐磨、能承受较大的机械外力和具有柔软性便于移动。常用的有 YHH 型焊接用橡套软电缆和 YHHR 型橡套特软电缆。

熔断器是防止电路过载和短路最常见的保护器件。熔断器的额定电流应大于或等于熔丝的额定电流,而熔丝的额定电流一般取电焊机一次额定电流的 1.1 倍。

开关是把弧焊电源接在电网电源上的低压连接电器,用做分断或接通电路之用。现在开关器件多用断路器(自动空气开关)。

断路器除了起通断作用外,还具有短路、过载保护功能,故而广泛使用。选择断路器时,应使开关额定电流大于或等于弧焊电源的一次额定电流。当开关额定电流超过弧焊电源一次额定电流较多时,应注意对断路器脱扣电流的选择。

(3)电焊机的安装

安装前的检查:

①新的或长期放置未用的电源,在安装前必须检查其绝缘情况,以确保使用者的安全。可用 500 V 兆欧表测定其绝缘电阻。测量前应先将弧焊整流器的输出端钮用导线短接起来,防止整流器件过电压而损坏。

表 4.6 常用钢号推荐选用的焊接材料

钢号	焊条电弧焊 型号（标准号）	焊条电弧焊 牌号示例	埋弧焊 焊丝钢号（标准号）	埋弧焊 型号（标准号）	埋弧焊 焊剂 牌号示例	电渣焊 焊丝钢号（标准号）	电渣焊 型号（标准号）	电渣焊 焊剂 牌号示例	二氧化碳气保焊 焊丝钢号（标准号）	氩弧焊 焊丝钢号（标准号）
Q235-A·F Q235-A 10(管) 20(管)	E4303 (GB/T 5117)	J422	H08A H08MnA (GB/T 14957)	HJ401-H08A (GB/T 5293)	HJ431	—	—	—	H08MnSi (GB/T 14958)	—
Q235-B	EA316 (GB/T 5117)	J426	H08A H08E	—	—	—	—	—	—	—
Q235-C 20G,20g	E4315 (GBr 5117)	J427	H08MnA (GB/T 14957)	HJ401-H08A (GB/T 5293)	HJ431	—	—	—	H08MnSi (GB/T 14958)	—
20R,20(锻)	E5015-G (GB/T 5118)	W607	—	—	—	—	—	—	—	—
09MnD	—	W707	—	—	—	—	—	—	—	—
09MnND 09MnNiDR	E5016 (GB/T 5117)	J506	—	—	—	—	—	—	—	—
16Mn,16MnR	E5015 (GB/T 5117)	J507	H10MnSi H10Mn2 (GB/T 14957)	HJ401-H08A HJ402-H10Mn2 (GB/T 5293) H404-H08MnA (GB/T 5293)	H1431 H1350 SJI01	H08MnMoA H1318Mn2SiA (GB/T 14957)	H1401-H08A (GB/T 5293)	H1431	H08Mn2SiA (GB/T 14958)	H10MnSi (GB/T 14957)

续表 4.6

钢号	焊条电弧焊		埋弧焊				电渣焊			二氧化碳气保焊		氩弧焊
	型号（标准号）	焊条牌号示例	焊丝钢号（标准号）	型号（标准号）	焊剂牌号示例	焊丝钢号（标准号）	型号（标准号）	焊剂 型号（标准号）	焊剂 牌号示例	焊丝钢号（标准号）		焊丝钢号（标准号）
16MnD	E5016-G (GB/T 5118)	J506RH	*	—	*	—				—		—
16MnDR	E5015-G (GB/T 5118)	J507RH	—	—	—	—				—		—
15MnNiDR	E5015-G (GB/T 5118)	W607	—	—	—	—				—		—
15MnNbR	E5516-G (GB/T 5118) E5515-G (GB/T 5118)	J556RH J557	*	HJ404-H08MnA (GB/T 5293)	SJ101	—				*		—
15MnVR	E5515-G (GB/T 5118)	J557	H08MnMoA H10MnSi H10Mn2 (GB/T 14957)	HJ401-H08A (GB/T 5293) HJ402-H10Mn2 (GB/T 5293) HJ404-H08MnA (GB/T 5293)	HJ431 J350 SJ101	—				H08Mn2SiA (GB/T 14958)		H08Mn2SiA (GB/T 14957)
20MnMoVIo	E5015-G (GB/T 5118) E5515-G (GB/T 5118)	J507RH J557	H10Mnsi H10Mn2 H08MnMoA (GB/T 14957)	HJ401-H08A (GB/T 5293) HJ402-H10Ma-t2 (GB/T 5293)	HJ431 HJ350	—				—		—

续表 4.6

钢号	焊条电弧焊 型号(标准号)	焊条电弧焊 牌号示例	埋弧焊 焊丝钢号(标准号)	埋弧焊 焊剂 型号(标准号)	埋弧焊 焊剂 牌号示例	电渣焊 焊丝钢号(标准号)	电渣焊 焊剂 型号(标准号)	电渣焊 焊剂 牌号示例	二氧化碳气保焊 焊丝钢号(标准号)	氩弧焊 焊丝钢号(标准号)
20MnMoD	E5016-G(GB/T 5118)	J506RH								
	E5015-G(GB/T 5118)	J507RH								
	E5516-G(GB/T 5118)	J556RH								
13MnNiMoNbR	E6016-D1(GB/T 5118)	J606	H08Mn2MoA(GB/T 14957)	H1402-H10Mn2(GB/T 4957)	HJ350	*	HJ401-H08A(GB/T 5293)	HJ431	—	—
18MnMoNbR	E6015-D1(GB/T 5118)	J607	H08Mn2MoA(GB/T 14957)	—	HJ250G	H10Mn2MoA H10Mn2MoVA(GB/T 14957)	HJ401-H08A(GB/T 5293)	HJ431	—	—
20MnMoNb	E6015-D1(GB/T 5118)	J607	H08MrdMoA(GB/T 14957)	—	H1250G	—	—	—	—	—
07MnCrMoVR 08MnNiCrMoVD 07MnNiCrMoVDR	E6015-G(GB/T 5118)	J607RH	*	—	SJ102	—	—	—	—	—
10Ni3MoVD	E6015-G(GB/T 5118)	J607RH	—	—	—	—	—	—	—	—

续表 4.6

钢号	焊条电弧焊 型号（标准号）	焊条电弧焊 牌号示例	埋弧焊 焊丝钢号（标准号）	埋弧焊 型号（标准号）	埋弧焊 牌号示例	电渣焊 焊丝钢号（标准号）	电渣焊 型号（标准号）	电渣焊 牌号示例	二氧化碳气保焊 焊丝钢号（标准号）	氩弧焊 焊丝钢号（标准号）
12CrMo	E5515-B1 (GB/T 5118)	R207	—	HJ402-H10Mn2 (GB/T 5293)	H350	—	—	—	—	H08CrMoA (GB/T 14957)
12CrMoG	E5515-B1 (GB/T 5118)	R207	H13CrMoA (GB/T 14957)	HJ4C4-H08MnA (GB/T 5293)	J101	H13CrMoA (GB/T 14957)	H1401-H08A (GB/T 5293)	HJ431	—	H13CirMoA (GB/T 14957)
15CrMo	E5515-B2 (GB/T 5118)	R307			H1250G					
15CrMoG	E5515-B2 (GB/T 5118)	R307								
15CrMoR	E5515-B2 (GB/T 5118)	R307H								
14Cr1MoR	E5515-B2 (GB/T 5118)									
14Cr1Mo	E5515-B2 (GB/T 5118)	R317	H08CrMoVA (GB/T 14957)	HJ402-H10Mn2 (GB/T 5293)	HJ350	—	—	—	—	H08CrMoVA (GB/T 14957)
12Cr1MoV	E5515-B2-V (GB/T 511)	R317								
12Cr1MoVG	E5515-B2-V (GB/T 511)									
12Cr2Mo	E015-B3 (GB/T 5118)	R407	*	—	*	—	—	—	—	—
12Cr2MoI										
12Cr2MoG										
12Cr2MoIR		R507	—	—	—	—	—	—	—	—
1Cr5Mo	E5MoV-15 (GB/T 5118)									
0Cr18Ni9	E308-16 (GB/T 983)	A102	H0Cr21Ni10 (YB/T 5092)	—	HJ260	—	—	—	—	H0Cr21Ni10 (YB/T 5091)
0Cr18Ni9	E308-15 (GB/T 983)	A107								

续表 4.6

钢号	焊条电弧焊 型号(标准号)	焊条电弧焊 牌号示例	埋弧焊 焊丝钢号(标准号)	埋弧焊 型号(标准号)	埋弧焊 焊剂 牌号示例	电渣焊 焊丝钢号(标准号)	电渣焊 型号(标准号)	电渣焊 焊剂 牌号示例	二氧化碳气保焊 焊丝钢号(标准号)	氩弧焊 焊丝钢号(标准号)
0Cr18Ni10Ti	E347-16 (GB/T 983)	A132	H0Cr21Ni10Ti (YB/T 5092)	—	HJ260	—	—	—	—	H0Cr21Ni10Ti (YB/T 5091)
1Cr18Ni9Ti	E347-15 (GB/T 983)	A137								
0Cr17Ni12Mo2	E316-16 (GB/T 983)	A202	H0Cr18Ni12Mo2 (YB/T 5092)	—	HJ260	—	—	—	—	H0Cr19Ni12Mo2 (YB/T 5091)
	E316-15 (GB/T 983)	A207								
0Cr18Ni12Mo2Ti	E316L-16 (GB/T 983)	A022	1-H0Cr19Ni12Mo2 (YB/T 5092)	—	M260	—	—	—	—	H0Cr19Ni12Mo2 (YB/T 5091)
	E318-16 (GB/T 983)	A212								
0Cr19Ni13Mo3	E317-16 (GB/T 983)	—	—	—	—	—	—	—	—	H0Cr20Ni14Mo3 (YB/T 5091)
00Cr19Ni10	E308L-16 (GB/T 983)	A002	H00Cr21Ni10 (YB/T 5092)	—	HJ260	—	—	—	—	H00Cr21Ni10 (YB/T 5091)
00Cr17Ni14Mo2	E316L-16 (GB/T 983)	A022	—	—	—	—	—	—	—	—
00Cr19Ni13Mo3	E317L-16 (GB/T 983)	A242	—	—	—	—	—	—	—	—
0Cr13	FA10-16 (GB/T 983)	G202	—	—	—	—	—	—	—	—
	E410-15 (GB/T 983)	G207								

* 已有焊材,但尚未列入标准。

一般弧焊整流器的一次回路对机壳（对地）的绝缘电阻应不小于 2.5 MΩ，焊接回路对机壳的绝缘电阻应不小于 2.5 MΩ，一次回路和焊接回路间的绝缘电阻应不小于 5 MΩ。否则应进行干燥处理。

②安装前应先对弧焊电源外部仪表等功能器件进行检查。而后打开机壳检查内部是否有损坏，各处接头是否紧固。对焊接电流通过路径的各连接点尤其要注意。

③接地装置和焊机机壳间的连接状态检查。在实际中电焊机厂家出于制造、安装的便利考虑，焊机的外壳与焊机的底盘采用分离结构，或者是底盘独立而外壳采用拼装结构。而焊机的接地装置常常设置在底盘上，若底盘与外壳接触不良，且外壳意外与机内的强电部分接触时，有可能使焊机的保护接地或保护接零功能丧失，机壳带电。

一般可用 500 V 兆欧表进行检查。测量前，先将兆欧表表线一端垾接地装置（地线），另一端分别接触外壳的金属外露部分（包括镀锌吊环、安装螺钉、金属把手等）。测定时，兆欧表的指针指示应为零。

对于经拆卸修理重新装配后的电焊机，在修理后和使用前也应做此项检查。

安装注意事项：

①电网电源功率是否够用，开关、熔断器和电缆是否符合要求。

②弧焊电源与电网间应装有独立的开关和熔断器。

③机壳接地或接零。弧焊电源后部下方设有专门的接地装置。若电网电源为三相四线制，应把电网中性线（零线）接在接地装置上；若电网电源为三相三线制，则应将地线接在接地装置上。

④采取防潮措施。

⑤在通风良好的场所安装。

⑥接线时一定要注意风扇的转向（三相电机时）。弧焊电源与周围阻碍物间的距离不小于 300 mm，以满足热量排出的条件。

以上是弧焊电源（电焊机）的一般安装要求。其他特殊要求严格按产品使用说明书的安装要求做出相应的处置。

4.2.6 无损检测

无损检测是压力容器中常用的检测手段，是压力容器生产制造过程质量控制的手段之一，同时也是压力容器产品验收的衡量标准之一。可见无损检测在压力容器验收中占有极其重要的地位。常用的无损检测方法有射线、超声、磁粉、渗透和涡流等五大检测方法。

由于射线检测（RT）、超声检测（UT）、磁粉检测（MT）、渗透检测（PT）和涡流检测（ET）等各种检测方法都具有一定的特点和局限性，为提高检测结果的可靠性，应根据设备的材质、制造方法、工作介质、使用条件和失效模式，预计可能产生的缺陷种类、形状、部位和取向，选择最合适的无损检测方法。

射线和超声检测主要用于检测锅炉、压力容器及压力管道的内部缺陷；锅炉、压力容器及压力管道内部的平面状缺陷，如裂纹、白点、分层和焊缝中的面状未焊透及未熔合等缺陷通常采用超声检测效果比较好；工件内部的体积状缺陷，如气孔、夹渣、体积状未焊透以及铸件中的缩孔、疏松等通常采用射线检测效果比较好。磁粉检测和涡流检测主要用于检测锅炉、压力容器及压力管道的表面和近表面缺陷；渗透检测主要用于检测锅炉、压力容器及压力管道的表面开口缺陷。铁磁性材料表面检测时,原则上应采用磁粉检测,确因结构、形状等原因不能使用磁粉检测时,方可采用渗透检测。当采用两种或两种以上的检测方法对锅炉、压力容器及压力管道的同一部位进行检测时,应符合各自的合格级别。当采用同种检测方法的不同检测工艺进行检测时,如果检测结果不一致,则应以检测结果相对较严格的方法为准进行评定。

无损检测工艺规程由通用工艺规程和工艺卡两部分组成。无损检测通用工艺规程应根据相关法规、标准,并针对检验单位(部门)的特点和检测能力进行编写。应包括以下内容：

①主题内容和适用范围；
②引用标准、法规；
③检测人员资格；
④检测设备、器材和材料；
⑤检测表面制备；
⑥检测时机；
⑦检测工艺和检测技术；
⑧检测结果的评定和质量等级分类；
⑨检测记录、报告和资料存档；
⑩编制(级别)、审核(级别)、审批人员本人签字或盖章以及制定日期。

无损检测工艺卡应根据相关法规、产品标准、有关的技术文件和相关标准的要求编制,用于指导压力容器及压力管道零部件的无损检测工作。一般应包括：

①工艺卡编号(一般为流水顺序号)；
②产品概括：产品名称,产品编号,制造、安装或检验编号,锅炉、压力容器及压力管道类别,规格尺寸,材料牌号,材质、热处理状态及表面状态；
③检测设备与器材：设备种类、型号、规格尺寸、检测附件、检测材料；
④检测工艺参数：检测方法、检测比例、检测部位、标准试块或标准试样(片)；
⑤检测技术要求：执行标准、验收级别；
⑥检测程序；
⑦检测部位示意图：包括(检测部位、缺陷部位、缺陷分布等)；
⑧编制(级别)、审核(级别)人员本人签字或盖章；
⑨制定日期。表4.7是压力管道焊缝射线检测通用工艺卡。

压力容器制造过程中的无损检测主要涉及原材料和焊缝的检测。

①原材料的无损检测

压力容器的原材料主要有钢板、锻件、管材等,其中板材和锻件多采用超声波检测,管材多采用涡流检测。

②焊缝无损检测

压力容器产品主要包括的是母材和焊缝,母材在出厂前一般均经过检验,所以在压力容器生产制造过程中,焊缝的无损检测对保证产品质量是极其重要的。焊缝的无损检测用到的方法主要有 UT、RT、ET、MT 和 PT 等,根据产品的实际情况及其相关标准,可选择其中的一种或多种组合进行无损检测。

表 4.7 压力管道焊缝射线检测通用工艺卡　　No：管 RT04-×××-01

工程名称		工程编号	
检测比例		检测部位	
检测标准	JB 4730—94	合格级别	
胶片型号		铅增感屏	
底片黑度		背散射线的防护	
显影温度		显影时间	
定影温度		定影时间	
水洗时间		脱水时间	
透照方式		焦距/mm	

透明厚度、像质指数和设备类型的选择							
透照厚度/mm	像质记型号	像质指数	设备类型	透照厚度/mm	像质记型号	像质指数	设备类型

拍片张数的选择			
外径 φ	拍片张数	外径 φ	拍片张数

曝光时间和射线能量的选择范围

编制：	审核：	年　月　日

4.2.7 热处理

在焊接过程中,由于母材受到了一个焊接热循环过程,导致焊缝及热影响区的组织发生变化,这样直接影响焊接接头的力学性能。因此,为保证焊接结构的性能与质量,防止焊接缺陷产生,在焊接施工中,特别是在焊接厚板、易淬硬钢以及高刚度结构时,往往需要采取预热、后热及焊后热处理等工艺措施。

1. 预热

预热是在焊前对焊件的全部或局部按规定温度进行加热的工艺措施。重要构件的焊接、合金钢的焊接及厚部件的焊接,都要求在焊前必须预热。

焊前预热的作用主要有:

①预热能减缓焊后的冷却速度,有效防止裂纹的产生;
②预热可以降低焊接应力;
③预热可以降低焊接结构的拘束度;
④预热还可以提高焊接生产率。

预热温度的高低,应根据母材的化学成分、焊接性能、厚度、焊接接头的拘束程度、焊接方法和焊接环境以及有关产品的技术标准等条件综合考虑,重要的结构要经过裂纹试验确定不产生裂纹的最低预热温度。表 4.8 是 JB 4709 中常用钢号的推荐预热温度。

表 4.8 常用钢号推荐的预热温度

钢号	厚度/mm	预热温度/℃
20G,20,20R,20g	30~50	≥50
	>50~100	≥100
	100	≥150
16MnD,09MnNiD 16MnDR,09MnNiDR 15MnNiDR	≥30	≥50
16Mn,16MnR 15MnVR,15MnNbR	30~50	≥100
	>50	≥150
20MnMo 20MnMoD 08MnNiCrMoVD	任意厚度	≥100
07MnCrMoVR 07MnNiCrMoVDR	16~30	≥60
	>30~40	≥80
	>40~50	≥100
13MnNiMoNbR	任意厚度	≥150
18MnMoNbR	任意厚度	≥180
20MnMoNb	任意厚度	≥200

续表 4.8

钢号	厚度/mm	预热温度/℃
12CrMo,15CrMo 12CrMoG,15CrMoR 15CrMoG	>10	≥150
12Cr1MoV 12Cr1MoVG 14Cr1MoR 14Cr1Mo 12Cr2Mo,12Cr2M01 12Cr2MoG,12Cr2M01R	>6	≥200
1Cr5Mo	任意厚度	≥250

注意事项如下：

①不同钢号相焊时，预热温度按预热温度要求较高的钢号选取。

②采取局部预热时，应防止局部应力过大。预热的范围为焊缝两侧各不小于焊件厚度的 3 倍范围，且不小于 100 mm。

③需要预热的焊件在整个焊接过程中的温度应不低于预热温度。

④当用热加工法下料、开坡口、清根、开槽或施焊临时焊缝时，亦需考虑预热要求。

2. 后热

后热就是在焊后立即对焊接结构整体或局部加热，并保温一定的时间，然后再空冷的工艺措施。生产中采用后热可在降低预热温度，甚至取消预热的情况下，仍可以收到与预热相同的效果。后热的主要作用有以下几点：

①加速扩散氢的逸出，防止产生延迟裂纹；

②有利于降低预热温度。在某些含合金元素较多的低合金钢的实际焊接生产中，如果仅依靠预热来避免氢致裂纹的产生，则必须选择较高的预热温度，这样会使操作环境变坏，有时还会产生其他不良影响（产生热应力裂纹或结晶裂纹等），然而增加后热则可以避免这种影响。

后热的温度及保温时间与工件厚度有关，一般后热的温度取 200 ~ 350 ℃，保温不低于 0.5 h。

由于在热处理的过程中可以达到除氢的目的，所以焊后要立即进行热处理的焊件就不需要再进行后热处理。但如果焊后不能立即进行热处理而焊件又必须除氢时，则需焊后立即作后热处理，否则，有可能在热处理之前的放置期内产生延迟裂纹。

3. 焊后热处理

焊后热处理是使固态金属通过加热、保温、冷却等过程，改善其内部组织从而获得预期性能的工艺过程。焊后热处理的目的有：

①降低或消除焊接残余应力；

②消除焊接热影响区的淬硬组织，改善焊接接头组织与性能；

③促使残余氢逸出，有利于防止延迟裂纹，如 500 MPa 级且有延迟裂纹倾向的低合金结构钢；

④提高结构的几何稳定性;
⑤增强构件抵抗应力腐蚀的能力。

在压力容器制造中,常用钢号焊后热处理规范见表4.9。当碳素钢、强度型低合金钢焊后热处理温度低于表4.9规定温度的下限值时,最短保温时间见表4.10的规定。

表4.9 常用钢号焊后热处理规范

钢号	焊后热处理温度/℃		最短保温时间
	电弧焊	电渣焊	
10 Q235-A,20 Q235-B,20R Q235-C,20G	600~640	—	1. 当焊后热处理厚度 ≤50 mm时,$\frac{\delta_{PWHT}}{25}$ h,但最短时间不低于 $\frac{1}{4}$ h; 2. 当焊后热处理厚度 $\delta_{PWHT}>$ 50 mm时,为 $\left(2+\frac{1}{4}\times\frac{\delta_{PWHT}-50}{25}\right)$ h。
20g	580~620	—	
09MnD 16MnR	600~640	900~930 正火后 600~640 回火	
16Mn,16MnD,16MnDR	540~580	—	
15MnVR,15MnNbR	580~620	—	
20MnMo,20MnMoD 18MnMoNbR 13MnNiMoNbR	600~640	950~980 正火后 600~640 回火	1. 当焊后热处理厚度 $\delta_{PWHT}\leq$ 125 mm时,为 $\frac{\delta_{PWHT}}{25}$ h,但最短时间不小于 $\frac{1}{4}$ h; 2. 当焊后热处理厚度 $\delta_{PWHT}>$ 125 mm时,为 $\left(5+\frac{1}{4}\times\frac{\delta_{PWHT}-125}{25}\right)$ h。
20MnMoNb 07MnCrMoVR 07MnNiCrMoVDR 08MnNiCrMoVD	550~590	—	
09MnNiD,09MnNiDR	540~580	—	
15MnNiDR	≥600	—	
12CrMo 12CrMoG 15CrMo 15CrMoG	≥600	—	
15CrMoR	≥640	—	
12Cr1MoV 12Cr1MoVG 14Cr1MoR 14Cr1Mo	≥660	890~950 正火后 ≥600 回火	
12Cr2Mo 12Cr2Mo1 12Cr2Mo1R 12Cr2Mo1G 1Cr5Mo	≥660	—	

表4.10 焊后热处理温度低于规定值的保温时间

比规定温度范围下限值降低温度数值/℃	降低温度后最短保温时间[①]/h
25	2
55	4
80	10[②]
110	20[②]

注:①最短保温时间适用于焊后热处理厚度δ_{PWHT}不大于25 mm的焊件,当焊后热处理厚度δ_{PWHT}大于25 mm时,厚度每增加25 mm,最短保温时间则应增加15 min。②仅适用于碳素钢和16MnR钢。

4.2.8 压力试验和致密性试验

1. 压力试验

压力容器在其部件或整体制造完成后,都要进行压力试验。大多数压力容器的耐压试验是在所有制造工序完成后进行的,所以又称竣工试压。而有些容器则需要分阶段对其零部件分别试压,如夹套容器,先对内筒进行耐压试验,合格后再装焊夹套,然后进行夹套内的耐压试验。又如列管式浮头换热器,需进行管口、壳层、管程共三次耐压试验。

压力试验的目的是检验容器强度和密封性能,它也是压力容器设计、材料、制造质量的综合性检验,因此十分重要。压力试验一般采用液压试验。试验液体一般采用水,需要时也可采用不会导致发生危险的其他液体。试验时液体的温度应低于其闪点或沸点。对于不适合作液压试验的容器,例如容器内不允许有微量残留液体,或由于结构原因不能充满液体的容器,可采用气压试验。气压试验应有安全措施。试验所用气体应为干燥、洁净的空气、氮气或其他惰性气体。

2. 气密性试验

对于介质毒性程度为极度,高度危害或设计上不允许有微量泄漏的压力容器,必须进行气密性试验。试验时,容器的安全附件应安装齐全。气密性试验要求容器需经液压试验合格后方可进行。已经进行气压试验且检查合格的容器,可免做气密性试验。试验时压力应缓慢上升,达到规定试验压力后保压10 min,然后降至设计压力,对所有焊接接头和连接部位进行泄漏检查。小型容器亦可浸入水中检查。如有泄漏,修补后重新进行液压试验和气密性试验。

4.2.9 表面处理、油漆包装

1. 表面处理

涉及压力容器零部件或产品的表面处理可包括两大部分。第一部分是钢材预处理,是指钢板、型材、管材在进入车间加工之前,预先进行除锈、除氧化皮,然后再涂上保护底漆的工序。钢材的预处理在20世纪60年代国外已被人们所重视,随之在欧美及日本相继出现了先进的预处理生产线,它是集除锈、涂漆、干燥于一身的自动化生产流水线。钢材经预处理后进入车间,不仅大大减少了环境污染,提高了文明生产程度,而且对提高产品质量、延长产品使用寿命也显示出其优越性。国内在钢材预处理的生产线的设计、制造与应用上也已取得了可喜的成绩,特别是造船行业已初见成效。但是在压力容器制造行业中至今还是空白。第二部分是对容器类产品竣工后的表面处理,包括除锈、酸洗钝化及抛光。压力容器经表面涂装后,在防腐的同时起到装饰作用。

2. 油漆

压力容器产品竣工后需对其进行总体涂装。除不锈钢及有色金属容器外,绝大多数碳素钢、低合金钢制压力容器,出厂前均需按照 JB/T 4711《压力容器涂敷与运输包装》的规定进行油漆。

3. 包装

压力容器产品的包装必须在油漆完工后,在发运之前进行。应按照 JB/T 4711 的规定,精心而有效地做好包装工作,使产品安全、完整、可靠地运达目的地。

4.3 典型压力容器的制作

图 4.13 是 C-10/14.5 型氢气气罐的结构示意图(该储气罐公称直径为 1 800 mm, $V=10\ m^3$),其制造技术要求如下。

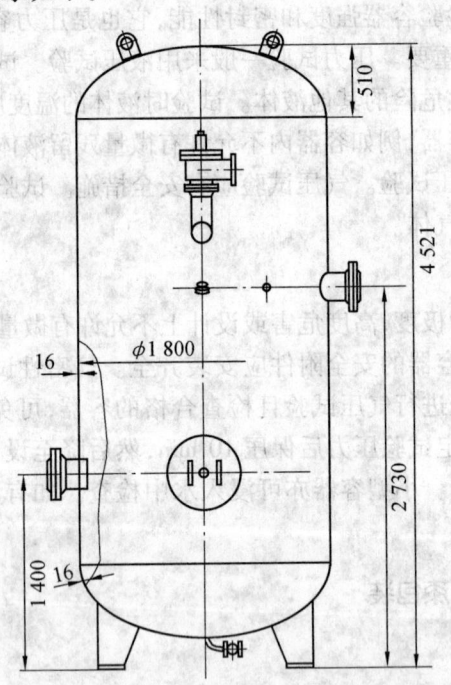

图 4.13 C-10/14.5 型氢气储气罐结构示意图

1. 基本数据

设计压力:1.65 MPa;容积类别:三类;最高工作压力:1.45 MPa;物料名称:H_2;设计温度:150 ℃;物料特性:易燃易爆;工作温度:100 ℃;质量设备净质量:3 750 kg;水压试验压力:2.1 MPa;充满水质量:13 750 kg;气密性试验压力:1.65 MPa;法规:1999 年出版的

《压力容器安全技术监察规程》、GB 150—1998《钢制压力容器》;容积:10 m³;主要受压元件材料:16MnR,16Mn。

2. 设计数据

腐蚀裕度:2.0 mm;封头各部位实测厚度不小于 14.5 mm;焊接接头系数 A 类 1.0、B 类 1.0;安全阀型号 A42Y-40,DN50;安全阀开启压力:1.22 MPa。

3. 制造、检验及验收

标准、规范:GB 150—98《钢制压力容器》(1999 年出版),《压力容器安全技术监察规程》;材料要求:符合《压力容器安全技术监察规程》第 10 条规定;无损检测:GB/T 3323—2005《金属熔化焊焊接接头射线照相》;焊接规程:JB/T 4709—2000《钢制压力容器焊接规程》;JB 4708—2000《钢制压力容器焊接工艺评定》;焊接接头类别 A、B 类 100% 射线检测,D 类 100% 磁粉检测;无损检测标准:A、B 类 JB 4730—94 Ⅱ 级合格、JB 4730—94 Ⅰ 级合格;热处理要求:去应力回火热处理(试板同炉热处理)有自动温度记录曲线;油漆、涂装包装 JB/T 4711—2003《压力容器涂漆与涂敷包装》;其他要求:①吊耳仅供起吊设备;②管法兰配对供应。

第5章　箱型结构的焊接工艺设计与制作

5.1　箱型结构简介

箱型结构是指各种类似箱型的结构的统称。有些是承载结构,不但承受垂直载荷,而且承受纵向牵引以及冲击载荷等,结构以梁或柱加蒙皮或板壳结构为主。有些是非承载结构,如工具柜、文件柜等。

常见的有各种车辆、船舶的板壳结构、集装箱、箱型梁、箱型柱等,如图5.1所示。图中(a)是铁路客车车体,(b)是铁路货车车体,(c)是货运汽车货箱,(d)远洋船舶,(e)是集装箱,(f)是箱型钢梁。

图 5.1　常见箱型结构示意图

5.2 箱型结构的生产制造工艺流程

为保证箱型结构生产的顺利进行,保证其焊接结构在运输、安装和使用过程中的强度、稳定性和刚度要求,在特定条件下(如载荷、温度、介质等)具有足够的承载力,安全可靠,其结构的生产制造要坚持节省材料、构造简单、施工方便、减少焊接变形和应力、操作方便的原则。

箱型结构生产制造的一般工艺流程与前述建筑钢结构的生产过程类似。箱型结构生产同样包括从原材料验收入库起,下料、成形、装配、焊接等,直至结构质量检验及验收入库的全过程。不论是哪种箱型结构,是批量生产还是单件生产,其制造工艺流程大体是下料→(成形)→整形→零件拼接→部件组装焊接→总装焊接→整形→检验。这一类结构一般尺寸较大,比如箱形梁的腹板、翼板,铁路车厢的边梁等,其单件长度已经远超过原料的长度,需要拼接成形。如1.2节所述,为减小和控制变形,简化工装,减少空间位置焊缝,箱型结构多采用部件组装焊接后进行总装焊接的工艺路线。为此,单件拼接后进行部件组装并焊接,然后进行整形。最后再将各部件整体组装焊接。

箱型结构常用的材料是普通低碳钢或优质低碳钢,焊接方法有二氧化碳气体保护焊、埋弧自动焊、焊条电弧焊等。批量生产可采用流水生产线配合弧焊机器人附加专用焊接工装、夹具,大型件可用吊车配合。

1. 材料的验收

材料验收的主要内容有:材料炉号、批号、型号、化学成分和金属力学性能(包括屈服强度、抗拉强度、伸长率、断面收缩率等)。入库前对母材和焊材等进行化学成分和技术性能等方面的检查,符合标准或产品设计要求。

2. 备料与下料

(1)钢材的矫平、矫直

单件、小尺寸、薄板材料发生了少量的塑性变形,可以用手工锤击的方法矫正。多数情况下,钢板、型材的校直、校平需要借助千斤顶、压力机、平板机或专用的多辊角钢(或管材)矫正机。厚板的局部矫正还可以采用火焰矫正的方法。

(2)表面清理

用钢丝刷、手动砂轮、喷砂或抛丸等方法去除钢材表面明显的锈蚀、氧化皮、油污等,必要时需要再用酸洗或其他化学药品浸洗等方法,清除金属表面油污。

(3)划线、放样

①划线:在毛坯或工件上用划线工具划出待加工部位的轮廓。

②放样:按1∶1的比例画出部件中心线图样。

(4)钢材的剪切与气割

根据材料的品种、规格选择合适的下料方法,如2.1节所述。

3. 装配-焊接

为保证产品质量,要做到:

①不合格的零部件不投入装配；
②需要可靠的定位与紧固措施，以保证装配后各零部件之间的形状和位置准确；
③装配和焊接顺序必须同时考虑，以尽可能减小焊接变形。
同时，还要遵循下列原则：
①有利于施焊和质量检查，使所有的焊缝能方便焊接；
②装配与焊接均在专用焊接夹具上进行。

5.3 箱型结构的焊接工艺编制

箱型结构焊接工艺编制要考虑其构件的应用条件、质量要求，这里仅以车辆焊接为例介绍其工艺编制要点。

5.3.1 车辆焊接的特点

(1) 容易产生焊接变形

铁路车辆车体结构一般采用大型型钢和钢板组焊在一起。所用的型钢主要有乙型钢、工字钢、槽钢和角钢等。钢板厚度一般为 2~12 mm，由于这些结构件尺寸尤其是面积都比较大，焊接量大，材料和结构自身刚度差，因此极易产生焊接变形。为此，车体的各主要部件都要在刚性焊接夹具上进行装配与焊接，确保焊接质量和提高生产效率。

(2) 相同焊缝多

适合于流水生产线，车体结构对称性强，相同焊缝多，大部分焊缝为长直焊缝，因此，可广泛采用二氧化碳气体保护焊和焊剂层下埋弧焊及半自动焊，在流水线上进行批量生产。

(3) 承受动载荷

铁路车辆是在线路上运行的，在运行过程中，车体在竖向和横向都产生振动。车辆承受较大的动载荷，因而非常容易产生疲劳裂纹。

(4) 型钢接头多

车辆上有很多长大的焊接结构，由于材料供应规格的限制，在制造过程中不可避免地要对材料进行拼接，如用于敞车上侧梁的方管，用于敞车侧柱的钢帽等。这些接头给结构设计带来了一定的影响，要严格规定接头区域和接头坡口的要求。同时要按工艺要求施焊，保证焊缝质量，对中梁接头等关键部件要进行探伤。

5.3.2 车辆焊接中的注意事项

(1) 考虑运动过程中受反复的冲击载荷和振动载荷作用，采取措施减少应力集中。
(2) 合理选择构件刚度，以减少梁件裂纹。
(3) 避免焊缝过于集中。车体的零部件较多，通过焊接组合起来，很容易造成应力集中，导致结构变形大，焊缝开裂，可以通过调整断面形式、合理结构设计等措施进行避免。

5.3.3 车辆焊接工艺编制要点

采用熔化焊方法制造箱型结构的焊接工艺包括如下内容:焊接位置、焊接方法及设备、焊材(焊条、焊丝、焊剂)牌号、坡口形式与尺寸、焊接层道数、焊材规格、电参数(电源极性、电流值、电压值)、焊接速度等。工艺编制者要区分各项内容的主次和相互关系,综合各种因素,结合实际经验编制合理的焊接工艺。必须指出,即使是同一种结构、尺寸的箱型构件焊接工艺往往也不唯一,经常会有多种选择。

1. 焊接位置

如前所述,尽量将焊接位置布置成平焊、船形位置或平角焊位置。一方面有利于焊缝成形,另一方面可以选择更多的焊接方法,特别是埋弧自动焊。在实际生产中,要考虑工件的大小、设备和工装的条件、生产批量选择最合适的焊接位置,尽量不要采用仰焊位置。但对于大型、大质量构件,如船舶,存在翻转困难的问题,也可以采取横焊、立焊位置进行焊接。

2. 焊接方法

箱型结构常用的材料是普通低碳钢或优质低碳钢,焊接方法有二氧化碳气体保护焊、埋弧自动焊、焊条电弧焊等。实际生产中,要综合考虑工件的板厚、焊缝长度、生产批量、是否有筋板或加强板等因素选择最为合适的焊接方法,以提高焊缝成形质量、减少辅助时间、提高生产率。比如船体结构多用到厚板焊接,其焊缝形状简单且长度较长,多采用埋弧自动焊方法;而铁路车辆、汽车的车厢等结构则多采用薄板焊接,且焊缝多为断续焊缝,可以采用更为灵活的二氧化碳气体保护焊或焊条电弧焊方法。

3. 焊材牌号

焊材的牌号主要根据母材的化学成分选择,由于箱型结构以承载结构为常见,为此焊材的选择一般依据等强度原则选取,并充分考虑脱氧因素。

4. 坡口形式与尺寸

坡口形式要根据接头形式和板厚设计。比如工字梁中,只有对接接头和T形接头。其坡口形式主要有Y形、X形、U形等,如图3.9所示。而在车厢箱体中除了对接接头还有搭接接头,如图5.2所示。这类搭接接头因为厚度较薄,无需开坡口。

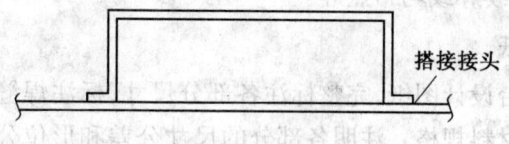

图5.2 箱型结构搭接接头示意图

5. 焊接层道数

焊接层数、道数需要根据板厚、坡口尺寸选择。板厚越大,层数越多;坡口宽度大,需要增加道数。

6. 其他工艺参数

其他工艺参数主要有:焊材规格、电参数、保护气流量、焊接速度等,具体选择原则可参考3.2节。

5.4 典型箱型结构的制作

实例1 钳工工作台的设计与制作

图5.3是钳工工作台的示意图。要求设计工作台的图纸,选择材料,编制制作工艺,并按照1:1的比例制作出实物。图中零件列表见表5.1。

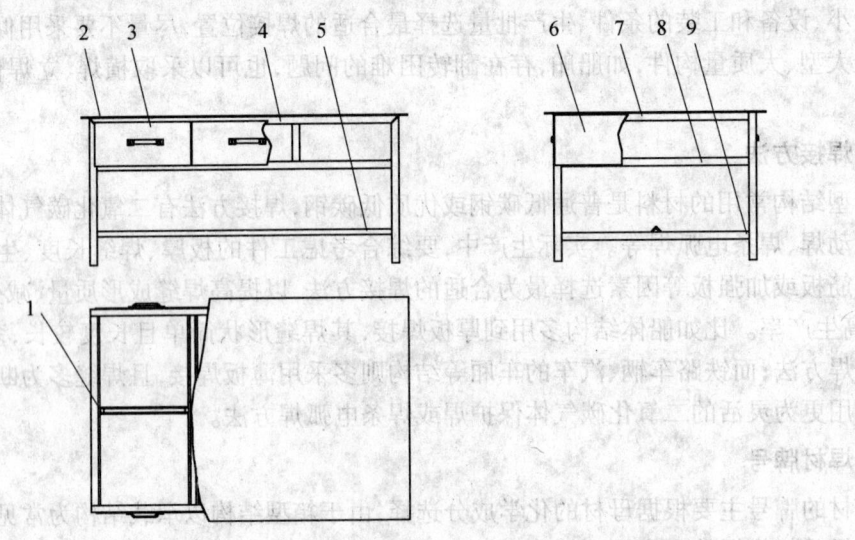

图5.3 钳工工作台示意图

1. 工作台用途与技术要求

工作台用于钳工划线、修磨、攻丝、装配等。需要足够的坚固,能够放置常用的工具。同时,抽屉要尽可能轻便。各部分尺寸公差取自由公差。边框、拉筋、横梁间焊缝全部满焊,其余焊缝为均布断续焊或均布点焊。

2. 绘制工作台图纸

设计并绘制工作台设计图纸,完整标注各部分尺寸,标注焊缝,在标题栏中详细注明各零件的名称、数量、材料规格。注明各部分的尺寸公差和形位公差,在技术要求中说明修整、涂装等要求。

3. 编制工艺规程

(1)设计工艺路线;

(2)详细说明每道工序的加工方法、技术要求、所用设备和焊材,填写表1.13和表1.14;

(3)工艺规程交由指导教师审查,通过后投入使用。

4. 制作工作台

按照既定的工艺规程制作工作台。

表 5.1 钳工工作台零件列表

件 号	名 称	材料规格	数 量
1	抽屉导轨	等边角钢	6
2	面板	板	1
3	抽屉	薄板组焊件	6
4	边框	等边角钢组焊件	2
5	拉筋	等边角钢	1
6	端板	薄板	2
7	上横梁	等边角钢	4
8	中横梁	等边角钢	2
9	下横梁	等边角钢	2

实例 2 工具箱的设计与制作

图 5.4 是工具箱的示意图。要求设计工具箱的图纸,选择材料,编制制作工艺,并按照 1∶1 的比例制作出实物。图中零件列表见表 5.2。

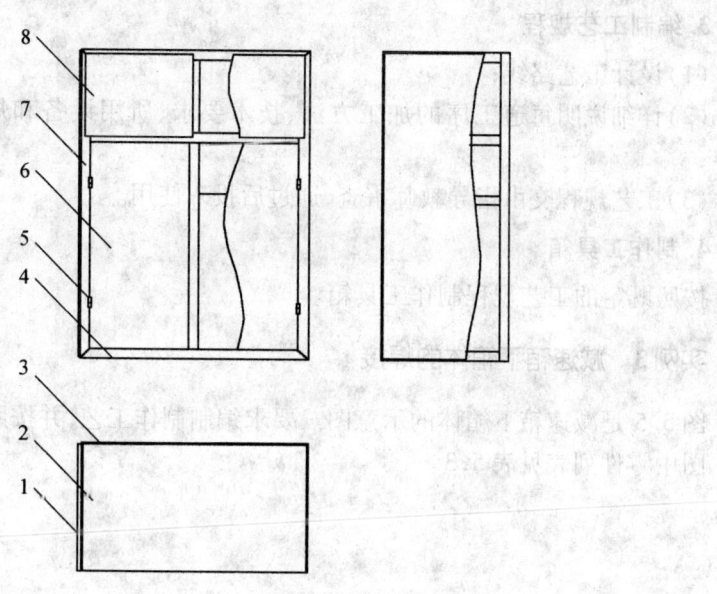

图 5.4 工具箱示意图

表 5.2　工具箱零件列表

件号	名称	材料规格	数量
1	侧板	薄板	2
2	顶板	薄板	1
3	背板	薄板	1
4	底板	薄板	1
5	铰链	组合件	4
6	柜门	薄板	2
7	框架	方管组焊件	1
8	抽屉	薄板组焊件	2

1. 工具箱用途与技术要求

工具箱用于存放常用的工具,要求有必要的相隔空间,设置抽屉和柜门,以便存放大小不一、质量不等的工具。柜门需安置锁具。各部分尺寸公差取自由公差。框架部分的焊缝全部满焊,打磨余高,其余焊缝采用均布断续焊缝焊接。

2. 绘制工具箱图纸

设计并绘制工具箱设计图纸,完整标注各部分尺寸,标注焊缝,在标题栏中详细注明各零部件的名称、数量、材料规格。注明各部分的尺寸公差和形位公差,在技术要求中说明修整、涂装等要求。

3. 编制工艺规程

(1)设计工艺路线;
(2)详细说明每道工序的加工方法、技术要求、所用设备和焊材,填写表 1.13 和表 1.14;
(3)工艺规程交由指导教师审查,通过后投入使用。

4. 制作工具箱

按照既定的工艺规程制作工具箱。

实例 3　减速箱下箱体的焊接

图 5.5 是减速箱下箱体的示意图。要求编制制作工艺,并按照 1∶1 的比例制作出实物。图中零件列表见表 5.3。

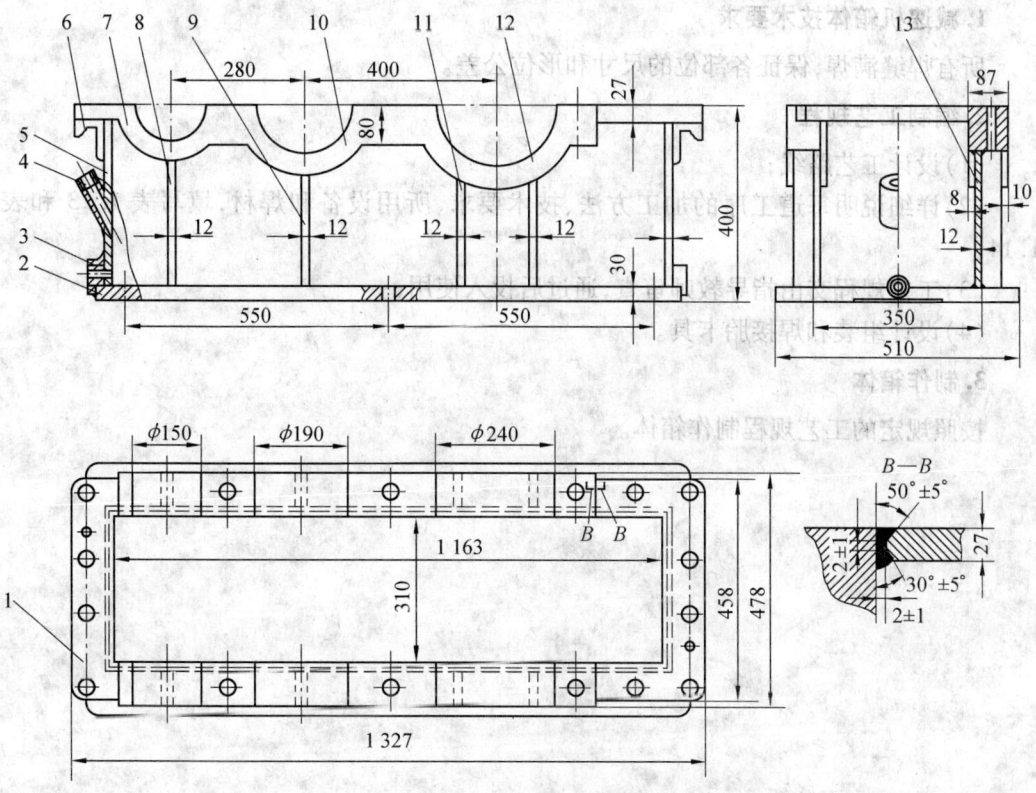

图 5.5 单壁板剖分式减速机下箱体结构图

表 5.3 减速箱下箱体零件列表

件 号	名 称	材料规格	数 量
1	结合面板	铸钢件	2
2	底板	钢板	1
3	放油孔	钢件	3
4	油尺孔	钢件	1
5	端板	钢板	2
6	吊耳	钢板	2
7	轴承座 1	铸钢	2
8	筋板 1	钢板	2
9	筋板 2	钢板	2
10	轴承座 2	铸钢	2
11	筋板 3	钢板	4
12	轴承座 3	铸钢	2
13	侧板	钢板	2

1. 减速机箱体技术要求

所有焊缝满焊,保证各部位的尺寸和形位公差。

2. 编制工艺规程

(1)设计工艺路线;

(2)详细说明每道工序的加工方法、技术要求、所用设备和焊材,填写表 1.13 和表 1.14;

(3)工艺规程交由指导教师审查,通过后投入使用;

(4)设计组装和焊接胎卡具。

3. 制作箱体

按照规定的工艺规程制作箱体。

参考文献

[1] 中国机械工程学会焊接学会,哈尔滨焊接研究所,大庆油田焊接研究与培训中心.焊工手册:手工焊接与切割[M].北京:机械工业出版社,2002.

[2] 中国机械工程学会焊接学会,中国焊接协会,机械工业部哈尔滨焊接研究所.焊工手册:埋弧焊·气体保护焊·电渣焊·等离子弧焊[M].北京:机械工业出版社,2003.

[3] 陈裕川.焊接工艺评定手册[M].北京:机械工业出版社,2000.

[4] 付荣柏.起重机钢结构制造工艺[M].北京:中国铁道出版社,1991.

[5] 王文翰.焊接技术手册[M].郑州:河南科学技术出版社,2000.

[6] 陈祝年.焊接工程师手册[M].北京:机械工业出版社,2002.

[7] 中国机械工程学会焊接学会.焊接手册第2卷:材料的焊接[M].北京:机械工业出版社,2001.

[8] 《压力容器实用技术丛书》编写委员会.压力容器制造和修理[M].北京:化学工业出版社,2004.

[9] 吴金杰.焊接工程师专业技能入门与精通[M].北京:机械工业出版社,2009.

[10] 王宽福.压力容器焊接结构工程分析[M].北京:化学工业出版社,1998.

[11] 哈尔滨焊接培训中心.国际焊接工程师培训教程(实习)[M].北京:化学工业出版社,2004.

[12] 张启运,庄鸿寿.钎焊手册[M].3版.北京:机械工业出版社,2008.

[13] 刘云龙,杜则裕,刘余然.焊工技师手册[M].北京:机械工业出版社,2005.

[14] 中国机械工程学会焊接学会.焊接手册第3卷:焊接结构[M].北京:机械工业出版社,2001.

"十二五"国家重点图书
材料科学研究与工程技术系列(应用型院校用书)

图书书目

材料基础实验教程	徐家文
热处理设备	王淑花
材料表面工程技术	王振廷
材料物理性能	王振廷
摩擦磨损与耐磨材料	王振廷
焊接工程实践	郑广海
金属材料工程实践教程	李学伟
铸造工程实践教程	毛新宇
焊接检验	鲍爱莲
金相分析	陈洪玉
材料科学与工程导论	刘爱莲
材料成型CAD设计基础	刘万辉
复合材料	刘万辉
压力焊方法与设备	王永东
铸造合金及其熔炼	王振玲
材料工程测量及控制基础	徐家文
钎焊	朱艳
材料化学	赵志凤等

780
1555
1555
1555
1555
1555
1555
2460
2460
2954
2458
2458
3934
17700

10110
1555
1555
1555
1555
1555
1507
778
778
778
778
778
678
240
240
195
100
210
650
700
700
2096
650
700
50
826
650
660
660
1384
310
310
1250
1300
1100
950
730
360
160
140
120
230
240
200
150
640
690
690
500
550
550
550
60
120
320
A
B

B向

60 60
35 35
Φ13
110
40
75
10
6
240
12
520
108
185
290
100
70
100
140
95
140
155
115
130
210
240
480

A向

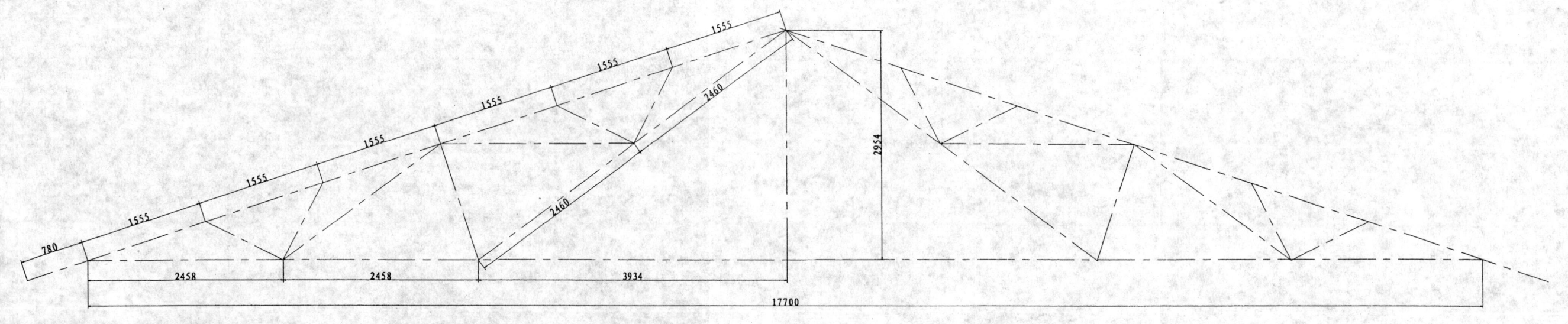

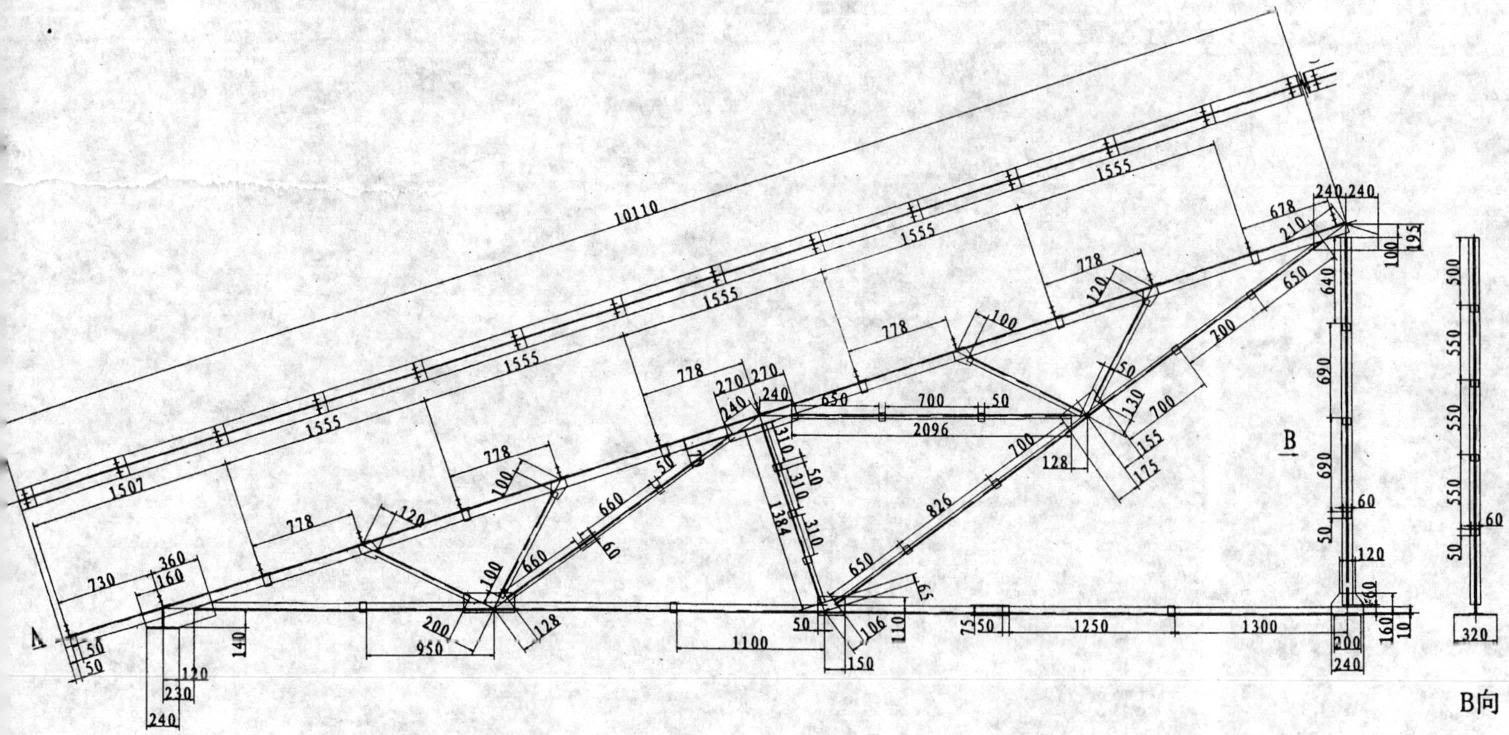

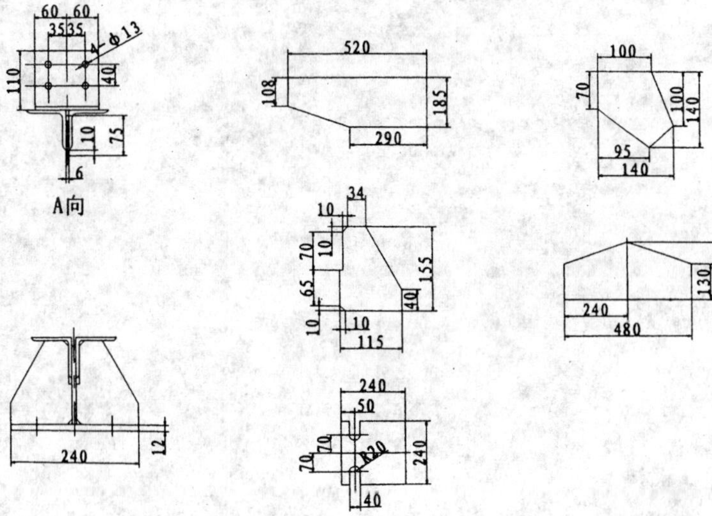